公益性行业（农业）科研专项（200903004）
主要农作物有害生物种类与发生危害特点研究项目成果丛书

中国马铃薯病虫害调查研究

张若芳　主编

中国农业出版社
北　京

公益性行业（农业）科研专项（200903004）

主要农作物有害生物种类与发生危害特点研究项目成果丛书 ……

总编辑委员会

顾　　问： 郭予元　陈宗懋

总　　编： 陈生斗　夏敬源

副总编： 吴孔明　周常勇　刘万才

委　　员（按姓氏笔画排序）：

刁春友　马占鸿　王文航　王国平　王凯学
王明勇　王贺军　王振营　王新安　王源超
王盛桥　艾尼瓦尔·木沙　卢增全　冯小军
冯晓东　吕克非　刘万才　刘卫红　刘胜毅
刘祥贵　刘家骧　安沫平　孙晓玲　李　刚
李　鹏　李世访　肖长惜　吴孔明　汪　铭
张　剑　张令军　张若芳　张跃进　张德咏
陆宴辉　陈　森　陈生斗　陈宗懋　陈继光
林伟坪　欧高财　金　星　金晓华　周　彦
周金玉　周常勇　钟永荣　夏敬源　徐　云
徐志平　徐润邑　高雨成　郭予元　郭永旺
郭玉人　黄　冲　黄诚华　曹克强　龚一飞
梁志业　梁帝允　韩成贵　程相国　舒　畅
雷仲仁　廖华明　廖伯寿

编辑委员会

主　编：张若芳

副主编：单卫星　詹家绥　朱杰华

编　委：张若芳　孙清华　吕文霞　冯志文

李进福　詹家绥　朱杰华　单卫星

杨志辉　吴　蕾　杜密菇　萨日娜

权军利　祝　雯　王亚洲　张迎迎

总　序

近年来，受全球气候变暖、耕作制度变化和病虫抗药性上升等因素影响，我国主要农作物有害生物的发生情况出现了重大变化，因此迫切需要摸清有害生物发生种类、分布区域和危害特点等基础信息，否则将严重影响我国有害生物监测防控、决策管理的有效性和植保科学研究的针对性。

2009 年农业部启动了公益性行业（农业）科研专项“主要农作物有害生物种类与发生危害特点研究”项目（项目编号：200903004）。该项目由全国农业技术推广服务中心牵头主持，全国科研、教育、推广系统 43 家单位共同参与，旨在对我国粮、棉、油、糖、果、茶、麻 7 大类 15 种主要农作物有害生物种类进行调查，通过对主要有害生物发生分布情况进行研究，对重要有害生物危害损失进行评估分析，明确我国主要农作物有害生物种类及其发生危害特点，预测重大病虫害的发生趋势并提出相应的防控对策，以增强我国农业有害生物监测防控工作的针对性，提高植保防灾减灾水平。

项目启动以来，体系专家和各级植保技术人员通过大量的田间实地调查和试验研究，获得了丰富的第一手数据资料，基本查实了我国主要农作物有害生物种类，明确了主要有害生物发生和分布、重要有害生物造成的产量损失及重大有害生物发生趋势与防控对策，项目取得了重要成果。

按照项目工作计划，我们在编写“中国主要农作物有害生物简明识别手册系列丛书”的基础上，通过对调查和研究工作中获得的第一手数据资料进行分析整理，又陆续组织编写了《中国主要农作物有害生物名录》《中国主要农作物主要有害生物分布区划》《农作物重大有害生物治理对策研究》《主要农作物重要有害生物危害损失研究》《中国主要农作物重大有害生物发生趋势报告》《主要农作物有害生物检测技术与方法》《中国水稻主要病虫害》等系列丛书，以使项目的研究成果尽快在生产、教学与科研领域推广应用。

“主要农作物有害生物种类与发生危害特点研究项目成果丛书”全面汇集了该项目实施5年来各课题的研究成果，系统记录了15种主要农作物的有害生物发生种类，详细介绍了主要种类发生分区和危害损失评估研究结果，科学阐述了有害生物主要种类发生危害现状、演变规律、发生趋势和治理对策等内容，具有很强的科学性、实用性。这套丛书对于指导全国植保工作开展、提高重大病虫害监测预警和防控能力具有重要作用，同时也为深入开展病虫害治理技术研究提供重要依据。

希望这套丛书的出版对于推动我国植保事业的科学发展发挥积极作用。

陈生斗

2012年10月

前　言

从2009年开始，“马铃薯有害生物种类与发生危害特点研究”课题组根据“主要农作物有害生物种类与发生危害特点研究”项目总体部署，积极组织全国马铃薯产区27个省份222个县级植保站及国家马铃薯产业技术体系综合试验站全面开展马铃薯病虫害发生种类普查研究，并在北方一作区、中原二作区、南方冬作区分别开展马铃薯晚疫病、早疫病、青枯病危害损失评估试验。经过3年的努力，基本摸清了我国马铃薯病虫害的发生种类及状况，查明了现有马铃薯病害27种，害虫83种，线虫2种；分析了9种马铃薯主要病虫害的发生区划；对3种主要病害进行了危害损失评估；撰写了马铃薯晚疫病的发生趋势分析报告；研发了2项马铃薯病害的检测技术；通过小区试验及查阅国内外文献资料，分析总结出马铃薯早疫病和晚疫病的综合防治技术等，为我国马铃薯病虫害的防控和研究提供了基础资料和理论依据。

感谢国家马铃薯产业技术体系病虫害研究室岗位科学家、综合试验站及全国植保系统相关人员的大力支持与合作，通过大家的共同努力才获得了大量的试验数据及普查数据，有力地支撑了研究成果，有效地指导我国马铃薯病虫害的防控与治理。

由于时间紧、任务重，很多内容和细节还存在不足，仍需进一步补充完善，但本书基本反映了2010—2012年马铃薯调查研究的主要成果，供大家参考。希望本书的出版能对我国马铃薯病虫害的研究和防治起到积极的作用。

马铃薯有害生物种类与发生危害特点研究课题组

2013年11月

目　录

总序
前言

第一章　马铃薯主要病虫害发生种类 …… 1

第一节　马铃薯病毒病害 …… 1
第二节　马铃薯真菌病害 …… 3
第三节　马铃薯细菌病害 …… 6
第四节　马铃薯线虫病害 …… 8
第五节　马铃薯害虫 …… 8

第二章　马铃薯主要病虫害发生区划研究 …… 28

第一节　马铃薯花叶病发生分布区划分析 …… 28
第二节　马铃薯卷叶病发生分布区划分析 …… 29
第三节　马铃薯晚疫病发生分布区划分析 …… 29
第四节　马铃薯早疫病发生分布区划分析 …… 30
第五节　马铃薯青枯病发生分布区划分析 …… 30
第六节　马铃薯黑胫病发生分布区划分析 …… 31
第七节　马铃薯蚜虫发生分布区划分析 …… 31
第八节　马铃薯块茎蛾发生分布区划分析 …… 32
第九节　马铃薯二十八星瓢虫发生分布区划分析 …… 32

第三章　马铃薯主要病害危害损失研究 …… 33

第一节　马铃薯晚疫病发生程度及危害损失评估报告 …… 33

第二节　马铃薯早疫病发生程度及危害损失评估报告 ……… 66
第三节　马铃薯青枯病发生程度及危害损失评估报告 …… 105

第四章　马铃薯晚疫病发生趋势分析 ………………………… 112

第五章　马铃薯主要病害检测技术 ……………………………… 117

第一节　马铃薯病毒病检测技术 ……………………………… 117
第二节　马铃薯晚疫病检测技术 ……………………………… 121

第六章　马铃薯主要病害防控技术 ……………………………… 125

第一节　马铃薯晚疫病综合防治技术 ………………………… 125
第二节　马铃薯早疫病综合防治技术 ………………………… 128

附录 ………………………………………………………………… 130

附录 1　“主要农作物有害生物种类与发生危害特点研究”
　　　　项目主要参加人员名单 ……………………………… 130
附录 2　马铃薯课题数据来源 ……………………………… 133

主要参考文献 ……………………………………………………… 135

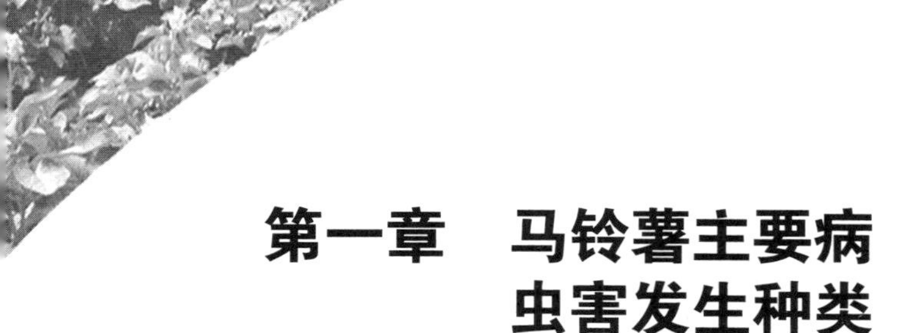

第一章　马铃薯主要病虫害发生种类

第一节　马铃薯病毒病害

1. 马铃薯重花叶病

病原：马铃薯Y病毒（*Potato virus Y*，PVY），属马铃薯Y病毒科（*Potyviridae*），马铃薯Y病毒属（*Potyvirus*）。为马铃薯Y病毒属的代表种。

别名：马铃薯条斑花叶病、条斑垂叶坏死病、点条斑花叶病等。

危害部位：叶、茎、块茎。

分布：广泛分布于各马铃薯产区。

2. 马铃薯普通花叶病

病原：马铃薯X病毒（*Potato virus X*，PVX），属α线形病毒科（*Alphaflexiviridae*），马铃薯X病毒属（*Potexvirus*）。为马铃薯X病毒属的代表种。

别名：马铃薯轻花叶病。

危害部位：叶。

分布：广泛分布于各马铃薯产区。

3. 马铃薯潜隐花叶病

病原：马铃薯S病毒（*Potato virus S*，PVS），属β线形病毒科（*Betaflexiviridae*），麝香石竹潜隐病毒属（*Carlavirus*）。

危害部位：叶。

分布：黑龙江、内蒙古、甘肃、新疆、青海、宁夏、河北、山西、云南、四川、湖南、辽宁、广东、福建、广西、贵州等省份。

4. 马铃薯轻花叶病

病原：马铃薯A病毒（*Potato virus A*，PVA），属马铃薯Y病毒科（*Potyviridae*），马铃薯Y病毒属（*Potyvirus*）。

危害部位：叶。

分布：分布于黑龙江、青海、新疆、河南、河北、吉林、辽宁、浙江、云南、湖南、广西、四川、重庆、贵州、甘肃、宁夏、福建等省份，属检疫性病毒病害。

5. 马铃薯副皱花叶病

病原：马铃薯M病毒（*Potato virus M*，PVM），属β线形病毒科（*Betaflexiviridae*），麝香石竹潜隐病毒属（*Carlavirus*）。

别名：马铃薯卷花叶病、马铃薯脉间花叶病。

危害部位：叶、茎。

分布：黑龙江、辽宁、内蒙古、河北、山西、福建、湖南、广西、四川、贵州、甘肃、宁夏、青海、云南等省份。

6. 马铃薯卷叶病

病原：马铃薯卷叶病毒（*Potato leaf roll virus*，PLRV），属黄症病毒科（*Luteoviridae*），马铃薯卷叶病毒属（*Polerovirus*）。

危害部位：叶、茎、块茎。

分布：广泛分布于各马铃薯产区。

7. 马铃薯纺锤块茎病

病原：马铃薯纺锤块茎类病毒（*Potato spindle tuber viroid*，PSTVd），属马铃薯纺锤块茎类病毒科（*Pospiviroidae*），马铃薯纺锤块茎类病毒属（*Pospiviroid*）。

别名：马铃薯纤块茎病、马铃薯块茎尖头病等。

危害部位：叶、茎、块茎。

分布：主要分布于黑龙江、吉林、辽宁、青海、甘肃、内蒙古、云南、宁夏、湖北、河北、山西、广西、贵州、福建等省份，属检疫性病害。

8. 马铃薯紫顶萎蔫病

病原：马铃薯紫顶萎蔫植原体（*Potato purple top wilt phytoplasma*）。

别名：马铃薯翠菊黄化病。

危害部位：叶、茎。

分布：主要分布于黑龙江、内蒙古、吉林、山西、辽宁、湖南、湖北、广西、甘肃、云南等省份。

9. 马铃薯丛枝病

病原：马铃薯丛枝植原体（*Potato witches'-broom phytoplasma*）。

别名：一窝猴、密丛病、扫帚病。

危害部位：叶、茎、块茎。

分布：主要分布于吉林、内蒙古、河南、重庆、湖南、广西、甘肃、青海等省份，属检疫性病害。

第二节 马铃薯真菌病害

1. 马铃薯早疫病

病原：茄链格孢（*Alternaria solani*），属半知菌亚门真菌。

别名：马铃薯夏疫病、马铃薯轮纹病、马铃薯干枯病。

危害部位：叶片、茎、块茎。

分布：各马铃薯主产区均有分布。

2. 马铃薯晚疫病

病原：致病疫霉（*Phytophthora infestans*），属卵菌门真菌。

危害部位：叶片、茎、块茎。

分布：我国各马铃薯主产区均有发生，西南地区发生较为严重，东北、华北与西北地区多雨潮湿的年份危害较重。

3. 马铃薯黑痣病

病原：立枯丝核菌（*Rhizoctonia solani*），属半知菌亚门真菌；有性态称瓜亡革菌（*Thanatephorus cucumeris*），属担子菌亚门真菌。

别名：马铃薯立枯丝核菌病、丝核菌溃疡病、黑色粗皮病、纹枯病。

危害部位：幼芽、茎基部、匍匐茎及块茎。

分布：各马铃薯主产区均有分布。

4. 马铃薯枯萎病

病原：镰孢属（*Fusarium* spp.），主要有腐皮镰孢（*Fusarium solani*），尖镰孢（*F. oxysporum*），*F. moniliforme*，*F. nivale*，接骨木镰孢（*F. sambucinum*）。

危害部位：叶片和茎。

分布：全国普遍发生。

5. 马铃薯干腐病

病原：接骨木镰孢（*Fusarium sambucinum*），燕麦镰孢（*F. avenaceum*），尖镰孢（*F. oxysporum*），木贼镰孢（*F. equiseti*），锐顶镰孢（*F. acuminatum*），半裸镰孢（*F. semiteatum*），腐皮镰孢（*F. solani*），深蓝镰孢（*F. coeruleum*）等，均属于半知菌亚门真菌。

危害部位：块茎。

分布：全国普遍发生。

6. 马铃薯炭疽病

病原：番茄果腐少刺盘孢菌（*Colletotrichum coccodes*），属半知菌亚门真菌。

危害部位：叶、茎、块茎。

分布：主要分布于吉林、贵州、重庆、山东、甘肃、四川、湖南、湖北、广西、内蒙古等省份，属检疫性病害。

7. 马铃薯叶枯病

病原：广生亚大茎点菌（*Macrophomia phaseoli*），属半知菌亚门真菌。

别名：马铃薯炭腐病。

危害部位：叶片、茎和块茎。

分布：全国普遍发生。

8. 马铃薯粉痂病

病原：粉痂菌（*Spongospora subterranea*），属鞭毛菌亚门真菌。

危害部位：茎、块茎、根部。

分布：分布于湖北、广西、广东、重庆、四川、贵州、云南、甘肃、新疆、陕西等地区。

9. 马铃薯黄萎病

病原：大丽轮枝孢（*Verticillium dahliae*），黄萎轮枝孢（*Verticillium albo-atrum*），均属半知菌亚门真菌。

别名：马铃薯早死病、马铃薯早熟病。

危害部位：叶片、茎及块茎。

分布：分布于宁夏、山东、甘肃、河南等地区。

10. 马铃薯白绢病

病原：齐整小菌核（*Sclerotium rolfsii*），属半知菌亚门真菌；有性态称白绢阿太菌（*Athelia rolfsii*），属担子菌亚门真菌。

危害部位：茎基部和块茎。

分布：全国普遍发生。

11. 马铃薯尾孢菌叶斑病

病原：绒层尾孢（*Cercospora concors*），属半知菌亚门真菌。

危害部位：叶片和地上茎部。

分布：全国普遍发生。

12. 马铃薯灰霉病

病原：灰葡萄孢（*Botrytis cinerea*），属半知菌亚门真菌；有性态称富氏葡萄孢盘菌（*Botryotinia fuckeliana*），属子囊菌亚门真菌。

危害部位：叶片、茎、块茎。

分布：分布于河南、山东、内蒙古、甘肃、广东等地区。

13. 马铃薯癌肿病

病原：内生集壶菌（*Synchytrium endobioticum*），属鞭毛菌亚门真菌。

危害部位：地下部分，薯块和匍匐茎上发生普遍。

分布：云南、四川、贵州、新疆、甘肃等省份有发生，属国际检疫性病害。

第三节　马铃薯细菌病害

1. 马铃薯黑胫病

病原：由果胶杆菌属（*Pectobacterium* spp.）和迪基氏菌属（*Dickeya* spp.）细菌引起。已报道我国马铃薯黑胫病的主要致病菌为黑腐果胶杆菌（*P. atrosepticum*）、胡萝卜软腐果胶杆菌巴西亚种（*P. carotovorum* subsp. *brasiliensis*）、胡萝卜软腐果胶杆菌胡萝卜亚种（*P. carotovorum* subsp. *carotovorum*）3 种。

别名：马铃薯黑脚病（主茎）、茎基腐病。

危害部位：主茎和块茎。

分布：各主产区普遍发生。

2. 马铃薯青枯病

病原：茄劳尔氏菌（*Ralstonia solanacearum*）。

别名：洋芋瘟，马铃薯细菌性枯萎病、南方细菌性枯萎病、褐腐病。

危害部位：叶片、茎基部维管束、块茎。

分布：中国长城以南大部分地区都可发生，湖南、四川、云南、贵州等省份发生较重。

3. 马铃薯环腐病

病原：密执安棒形杆菌环腐亚种（*Clavibacter michiganense* subsp. *sepedonicus*）。

别名：轮腐病，俗称转圈烂、黄眼圈。

危害部位：地上部茎、叶和地下部块茎维管束。

分布：属国际检疫性病害，国内偶尔发生，山东、内蒙古等省份发生过。

4. 马铃薯疮痂病

病原：马铃薯疮痂病主要由一些植物病原链霉菌引起，病原菌较复杂，目前我国报道的引起该病的病原链霉菌至少有 3 种，主要为疮痂链霉菌（*Streptomyces scabies*）、酸疮痂链霉菌（*S. acidiscabies*）和肿脓疮痂链霉菌（*S. turgidiscabies*）。

危害部位：块茎。

分布：比较广泛，在碱性土壤中发病重。

5. 马铃薯软腐病

病原：主要有 *Erwinia carotovora* subsp. *carotovora*，称胡萝卜欧文氏菌胡萝卜亚种；*E. carotovora* subsp. *atroseptica*，称胡萝卜欧文氏菌黑胫亚种及 *E. chrysanthemi*，称菊欧文氏菌。

危害部位：叶、茎、块茎。

分布：国内普遍发生。

第四节　马铃薯线虫病害

1. 马铃薯茎线虫病

病原：马铃薯腐烂线虫（*Ditylenchus destructor*），属植物寄生线虫。

危害部位：块茎。

分布：湖北、湖南、广西、四川、陕西、贵州、新疆等马铃薯主产区。

2. 马铃薯根结线虫病

病原：根结线虫属（*Meloidogyne* spp.），包括 *Meloidogyne hapla*、*Meloidogyne incognita*、*Meloidogyne javanica*、*Meloidogyne chitwoodi*、*Meloidogyne arenaria*、*Meloidogyne fallax*、*Meloidogyne thamesi*，属植物寄生线虫。

危害部位：块茎。

分布：湖北、湖南、河南、广西、四川、云南、新疆、宁夏等省份。

第五节　马铃薯害虫

一、弹尾目（Collembola）

跳虫科（Poduridae）

1. 萝卜棘跳虫

学名：*Onychiurus fimetarius*（Linnaeus）。

危害作物：甘蔗、萝卜、马铃薯、胡萝卜等。

分布：江苏。

二、直翅目（Orthoptera）

瘤蝗科（Pamphagidae）

1. 笨蝗

学名：*Haplotropis brunneriana*。

危害作物：甘薯、豆类、马铃薯、芋头、麦类、玉米、高粱、谷子、棉花、果树幼苗和蔬菜等。

分布：鲁中南低山丘陵区，太行山和伏牛山的部分低山区。

斑翅蝗科（Oedipodidae）

2. 黄胫小车蝗

学名：*Oedaleus infernalis*。

危害作物：麦类、谷子、玉米、高粱、豆类、马铃薯、麻类等。

分布：华北、华东及陕西关中等地。

3. 亚洲小车蝗

学名：*Oedaleus decorus asiaticus*。

危害作物：玉米、高粱、谷子、麦类及禾本科牧草。

分布：内蒙古、宁夏、甘肃、青海、河北、陕西、山西、山东等地区。

斑腿蝗科（Catantopidae）

4. 短星翅蝗

学名：*Calliptamus abbreviatus*。

危害作物：豆类、马铃薯、甘薯、亚麻、甜菜、麦类、玉米、高粱、瓜类和蔬菜等。

分布：华北、华东各地。

5. 长翅素木蝗

学名：*Shirakiacris shirakii*。

危害作物：玉米、高粱、谷子、麦类、豆类、薯类及蔬菜。

分布：南、北方都有发生。

6. 中华稻蝗

学名：*Oxya chinensis*。

别名：水稻中华稻蝗。

危害作物：水稻、玉米、高粱、麦类、甘蔗、豆类、甘薯、马铃薯等。

分布：我国除青海、西藏、新疆、内蒙古等地区未见报道外，其他地区均有分布。

锥头蝗科（Pyrgomorphidae）

7. 短额负蝗

学名：*Atractomorpha sinensis*。

别名：牛尖头。

危害作物：豆类、甘薯、马铃薯、棉花、麻类及蔬菜等。

分布：南、北方均有分布。

8. 拟短额负蝗

学名：*Atractomorpha ambigua*。

危害作物：水稻、谷子、高粱、玉米、大麦、豆类、马铃薯、甘薯、麻类、甜菜、烟草、瓜类、果树等。

分布：河北、山西、辽宁、山东、江苏、安徽、浙江、江西、福建、台湾、湖北、湖南、陕西、甘肃。

9. 长额负蝗

学名：*Atractomorpha lata*。

危害作物：豆类、甘薯、马铃薯、棉花、麻类、甜菜及蔬菜等。

分布：山东、河北、河南、江苏、安徽、浙江、江西、山西、陕西、甘肃、湖北等省份。

剑角蝗科（Acrididae）

10. 中华蚱蜢

学名：*Acrida cinerea*。

别名：中华剑角蝗。

危害作物：水稻、甘蔗、棉花、甘薯、大豆等。

分布：河北、山东、江苏、安徽、浙江、江西、四川、广东。

蝼蛄科（Gryllotalpidae）

11. 华北蝼蛄

学名：*Gryllotalpa unispina*。

别名：土狗、蝼蝈、啦啦蛄等。

危害作物：大田作物、蔬菜、园林、药材等的种子和幼苗。

分布：全国各地，但主要在北方地区，北纬32°以北。

12. 东方蝼蛄

学名：*Gryllotalpa orientalis*。

危害作物：麦类、水稻、粟、玉米等禾谷类粮食作物及棉花、豆类、薯类、蔬菜等。

分布：北京、天津、河北、内蒙古、黑龙江、江苏、浙江、安徽、山东、河南、湖北、重庆、四川、贵州、云南、陕西、甘肃、青海、宁夏、新疆。

三、半翅目（Hemiptera）

叶蝉科（Cicadellidae）

1. 菱纹叶蝉

学名：*Hishimonus sellatus*。

危害作物：枣、马铃薯、芝麻、桑树、大麻、无花果、构树、豆类、紫云英、茄子等。

分布：山东、江苏、安徽、浙江、江西、福建、湖北。

2. 条沙叶蝉

学名：*Psammotettix striatus*。

危害作物：水稻、麦类、马铃薯、甘蔗、甜菜、茄子等。

分布：东北、华北、安徽、浙江、福建、台湾、甘肃、宁夏、新疆。

3. 小绿叶蝉

学名：*Empoasca flavescens*。

别名：小绿浮尘子、叶跳虫。

危害作物：水稻、玉米、甘蔗、大豆、马铃薯、苜蓿、绿豆、菜豆、十字花科蔬菜、桃、李、杏、杨梅、苹果、梨、山楂、山荆子、桑树、柑橘、大麻、木芙蓉、棉花、茶树、蓖麻、油桐。

4. 棉叶蝉

学名：*Empoasca biguttula*。

危害作物：棉花、茄子、马铃薯、甘薯、豆科作物、桑树、蓖麻、南瓜、萝卜、芝麻、烟草、苜蓿、茶树、苘麻、柑橘、梧桐等。

分布：东北以及河北、河南、陕西、山东、江苏、安徽、浙江、江西、福建、台湾、湖南、湖北、广东、广西、四川、云南。

粉虱科（Aleyrodidae）

5. 烟粉虱

学名：*Bemisia tabaci*。

别名：小白蛾子。

危害作物：马铃薯、黄瓜、菜豆、茄子、番茄、青椒、甘蓝、花椰菜、白菜、油菜、萝卜、魔芋、芹菜等各种蔬菜及一品红等各种花卉、农作物共500余种。

分布：遍及全国各地。

6. 温室白粉虱

学名：*Trialeurodes vaporariorum*。

别名：小白蛾子。

危害作物：黄瓜、菜豆、茄子、番茄、马铃薯、青椒、甘蓝、花椰菜、白菜、油菜、萝卜、魔芋、芹菜等各种蔬菜及一品红等各种花卉、农作物共200余种。

分布：遍及全国各地。

蚜科（Aphididae）

7. 桃蚜

学名：*Myzus persicae*。

别名：腻虫、烟蚜、桃赤蚜、菜蚜、油汉。

危害作物：马铃薯、梨、桃、李、梅、樱桃、白菜、甘蓝、萝卜、芥菜、芸薹、芜菁、甜椒、辣椒、菠菜等74科285种。

分布：遍及全国各地。

8. 棉蚜

学名：*Aphis gossypii*。

危害作物：第一寄主有石榴、花椒、木槿和鼠李属植物等；第二寄主有棉花、瓜类、黄麻、大豆、马铃薯、甘薯和十字花科蔬菜等。

分布：湖北、湖南、河南、江西、山东、江苏、安徽、浙江、福建、上海、北京、天津、河北、山西、内蒙古、辽宁、吉林、黑龙江、新疆、陕西、甘肃、四川、云南、贵州、重庆、广东、广西、海南。

9. 茄无网蚜

学名：*Acyrthosiphon solani*。

别名：茄无网长管蚜。

危害作物：茄子、马铃薯等茄科作物及豆类、甜菜、烟草等作物。

分布：东北以及内蒙古、青海、河北、山东、河南、四川等地区。

10. 萝卜蚜

学名：*Lipaphis erysimi*（Kaltenbach）。

别名：菜蚜、菜缢管蚜。

危害作物：白菜、菜心、樱桃萝卜、芥蓝、青花菜、紫菜薹、抱子甘蓝、羽衣甘蓝、薹菜、马铃薯、番茄、芹菜、胡萝卜、豆类、甘薯及柑橘、桃、李等。

分布：遍及全国各地。

11. 马铃薯长管蚜

学名：*Macrosiphum euphorbiae*。

别名：大戟长管蚜。

危害作物：马铃薯、油菜、甜菜、大戟等。

分布：甘肃、内蒙古。

珠蚧科（Margraodidae）

12. 吹绵蚧

学名：*Icerya purchasi*。

危害作物：桑树、向日葵、茶树、谷子、豆类、胡萝卜、马铃薯、棉花、果树、洋槐、紫云英等。

分布：山西、辽宁、江苏、安徽、浙江、江西、福建、台湾、湖北、湖南、广西、广东、陕西、四川、贵州、云南。

盲蝽科（Miridae）

13. 绿盲蝽

学名：*Apolygus lucorum*。

危害作物：棉花、苜蓿、大麻、蓖麻、小麦、荞麦、马铃薯、豆类、石榴、苹果等。

分布：湖北、湖南、河南、江西、山东、江苏、安徽、浙江、福建、上海、北京、天津、河北、山西、内蒙古、辽宁、吉林、黑龙江、新疆、陕西、甘肃、四川、云南、贵州、重庆、广东、广西、海南。

14. 中黑盲蝽

学名：*Adelphocoris suturalis*。

危害作物：棉花、苜蓿、马铃薯、豆类等。

分布：湖北、湖南、河南、江西、山东、江苏、安徽、浙江、福建、上海、北京、天津、河北、山西、内蒙古、辽宁、吉林、黑龙江、新疆、陕西、甘肃、四川、云南、贵州、重庆、广

东、广西、海南。

15. 三点盲蝽

学名：*Adelphocoris fasciaticollis*。

危害作物：棉花、马铃薯、豆类、芝麻、玉米、小麦、胡萝卜、杨树、柳树、榆树等。

分布：湖北、湖南、河南、江西、山东、江苏、安徽、浙江、福建、上海、北京、天津、河北、山西、内蒙古、辽宁、吉林、黑龙江、新疆、陕西、甘肃、四川、云南、贵州、重庆、广东、广西、海南。

16. 苜蓿盲蝽

学名：*Adelphocoris lineolatus*。

危害作物：苜蓿、棉花、马铃薯、豆类等。

分布：湖北、湖南、河南、江西、山东、江苏、安徽、浙江、福建、上海、北京、天津、河北、山西、内蒙古、辽宁、吉林、黑龙江、新疆、陕西、甘肃、四川、云南、贵州、重庆、广东、广西、海南。

龟蝽科（Plataspidae）

17. 筛豆龟蝽

学名：*Megacopta cribraria*。

危害作物：水稻、马铃薯、甘薯、豆类、桑树、甘蔗。

分布：河北、山东、江苏、浙江、江西、福建、河南、广西、广东、陕西、四川、云南。

蝽科（Pentatomidae）

18. 甜菜实蝽

学名：*Antheminia pusio*。

危害作物：谷类作物、蔷薇科作物、马铃薯、向日葵、甜菜。

分布：北京、河北、山西、内蒙古、辽宁、吉林、陕西、新疆。

19. 异色蝽

学名：*Carpocoris pudicus*。

危害作物：谷类作物、马铃薯、萝卜、胡萝卜。

分布：河北、内蒙古、辽宁、吉林、山东、宁夏、甘肃、新疆。

20. 稻黑蝽

学名：*Scotinophara lurida*。

危害作物：水稻、玉米、小麦、谷子、豆类、马铃薯、甘蔗、柑橘。

分布：河北、山东、江苏、安徽、浙江、江西、福建、台湾、湖北、湖南、广西、广东、贵州。

21. 紫翅果蝽

学名：*Carpocoris purpureipennis*。

危害作物：小麦、大麦、青稞、马铃薯、萝卜、胡萝卜、苹果、梨。

分布：河北、内蒙古、陕西、山西、辽宁、吉林、黑龙江、山东、广东、甘肃、宁夏、新疆。

缘蝽科（Coreidae）

22. 茄缘蝽

学名：*Acanthocoris sordidus*。

危害作物：水稻、桑树、马铃薯、甘薯、茄类、辣椒、番茄、瓜类。

分布：全国各地。

23. 波原缘蝽

学名：*Coreus potanini*。

危害作物：马铃薯。

分布：河北、山西、陕西、甘肃、四川。

四、缨翅目（Thysanoptera）

蓟马科（Thripidae）

1. 棕榈蓟马

学名：*Thrips palmi*。

别名：节瓜蓟马、棕黄蓟马、瓜蓟马。

危害作物：菠菜、枸杞、苋菜、节瓜、冬瓜、西瓜、苦瓜、番茄、茄子、马铃薯和豆类蔬菜。

分布：浙江、台湾、湖南、广东、海南、广西、四川、云南、西藏、香港。

2. 烟蓟马

学名：*Thrips tabaci*。

别名：棉蓟马、葱蓟马、瓜蓟马。

危害作物：水稻、小麦、玉米、棉花、豆类、甘蓝、葱、马铃薯、番茄及花卉、果树等作物。

分布：湖北、湖南、河南、江西、山东、江苏、安徽、浙江、福建、上海、北京、天津、河北、山西、内蒙古、辽宁、吉林、黑龙江、新疆、陕西、甘肃、四川、云南、贵州、重庆、广东、广西、海南。

3. 花蓟马

学名：*Frankliniella intonsa*。

别名：台湾蓟马。

危害作物：苜蓿、紫云英、棉花、玉米、水稻、小麦、豆类、瓜类、番茄、辣椒、甘蓝、白菜等蔬菜及花卉。

分布：湖北、湖南、河南、江西、山东、江苏、安徽、浙江、福建、上海、北京、天津、河北、山西、内蒙古、辽宁、吉林、黑龙江、新疆、陕西、甘肃、四川、云南、贵州、重庆、广东、广西、海南。

五、鞘翅目（Coleoptera）

瓢甲科（Coccinellidae）

1. 二十八星瓢虫

学名：*Henosepilachna vigintioctomaculata*。

别名：花大姐、花媳妇、马铃薯瓢虫。

危害作物：茄子、马铃薯、番茄、豆类、葡萄、苹果、柑橘、葫芦科、菊科和十字花科作物。

分布：广泛分布，北起黑龙江、内蒙古，南抵台湾、海南及广东、广西、云南，东起国境线，西至陕西、甘肃，折入四川、云南、西藏。

2. 十斑食植瓢虫

学名：*Epilachna macularis*。

危害作物：马铃薯、茄子。

分布：云南、湖南、广西。

3. 茄二十八星瓢虫

学名：*Henosepilachna vigintioctopunctata*。

别名：酸浆瓢虫。

危害作物：茄科、葫芦科、豆科和十字花科作物。

分布：主要分布在我国东南部地区、华中、华北地区时有发生。

芫菁科（Meloidae）

4. 豆芫菁

学名：*Epicauta gorhami*。

别名：斑蝥。

危害作物：苜蓿、三叶草、沙打旺、草木樨、拧条锦鸡儿、棉花、甜菜、马铃薯、茄子、大豆、豌豆及其他豆科作物。

分布：从南到北广泛分布于中国很多省份。

5. 花生叶芫菁

学名：*Epicauta waterhousei*。

别名：大斑芫菁、眼斑大芫菁。

危害作物：花生、豆类、苜蓿、马铃薯等。

分布：江苏、浙江、江西、湖南、四川、广东、广西等省份。

6. 中华豆芫菁

学名：*Epicauta chinensis*。

危害作物：豆类、花生、甜菜、马铃薯等。

分布：东北、华北、华东等地区。

7. 毛角豆芫菁

学名：*Epicauta hirticornis*。

危害作物：豆类、花生、苜蓿、马铃薯等。

分布：主要分布在南方地区。

8. 大头豆芫菁

学名：*Epicauta megalocephata*。

危害作物：豆类、甜菜、马铃薯等。

分布：东北、华北地区。

9. 暗头豆芫菁

学名：*Epicauta obscurocephala*。

危害作物：豆类、甜菜、马铃薯等。

分布：华北地区。

10. 凹胸豆芫菁

学名：*Epicauta xantusi* Kaszab。

危害作物：甜菜、马铃薯、苜蓿、玉米、南瓜、向日葵、蔬菜等。

分布：江苏、宁夏、四川以及华北地区。

11. 疑豆芫菁

学名：*Epicauta dubia* Fabricius。

危害作物：甜菜、马铃薯、蔬菜、苜蓿、玉米、南瓜、向日葵、糜子。

分布：河北、内蒙古、甘肃、宁夏。

12. 红头豆芫菁

学名：*Epicauta ruficeps*。

危害作物：甜菜、马铃薯、蔬菜、苜蓿、玉米、南瓜、向日葵、糜子。

拟步甲科（Tenebrionidae）

13. 扁土潜

学名：*Gonocephalum depressum*。

危害作物：甘蔗、烟草、马铃薯。

分布：台湾、广东、云南。

14. 毛土潜

学名：*Gonocephalum pubens*。

危害作物：甘蔗、马铃薯、香瓜、西瓜、花生、蓖麻。

分布：东北地区以及台湾、海南。

鳃金龟科（Melolonthidae）

15. 东北大黑鳃金龟

学名：*Holotrichia diomphalia*。

危害作物：玉米、高粱、小麦、谷子、大豆、棉花、亚麻、大麻、马铃薯、花生、甜菜、苹果、梨、核桃、草莓、桃等。

分布：湖北、湖南、河南、江西、山东、江苏、安徽、浙江、福建、上海、北京、天津、河北、山西、内蒙古、辽宁、吉林、黑龙江、新疆、陕西、甘肃、四川、云南、贵州、重庆、广东、广西、海南。

16. 暗黑鳃金龟

学名：*Holotrichia parallela*。

危害作物：玉米、高粱、谷子、花生、棉花、大豆、甜菜、马铃薯、苗木等。

分布：湖北、湖南、河南、江西、山东、江苏、安徽、浙江、福建、上海、北京、天津、河北、山西、内蒙古、辽宁、吉

林、黑龙江、新疆、陕西、甘肃、四川、云南、贵州、重庆、广东、广西、海南。

17. 华北大黑鳃金龟

学名：*Holotrichia oblita*。

危害作物：玉米、谷子、马铃薯、豆类、棉花、甜菜、苗木等。

分布：山东、江苏、北京、天津、河北、山西、内蒙古、辽宁、吉林、黑龙江、新疆、陕西、甘肃。

18. 黑皱鳃金龟

学名：*Trematodes tenebrioides*。

别名：无翅黑金龟、无后翅金龟子。

危害作物：玉米、高粱、大豆、灰菜、刺儿菜、苋菜、小麦等。

分布：东北、华北以及宁夏、青海、安徽、江西、湖南、台湾、贵州。

19. 黑绒金龟子

学名：*Maladera orientalis*。

危害作物：水稻、麦类、玉米、高粱、甘薯、向日葵、豆类、棉花、甜菜、马铃薯、烟草、番茄、茄子、葱、西瓜、白菜、苎麻、梨、苹果、葡萄、桃。

分布：河北、山西、内蒙古、黑龙江、吉林、辽宁、山东、河南、陕西、宁夏、青海、四川。

20. 马铃薯鳃金龟

学名：*Amphimallon solstitialis*。

危害作物：马铃薯、胡麻、豆类、油菜等。

分布：辽宁、河北、山西、内蒙古、青海、新疆。

丽金龟科（Rutelidae）

21. 铜绿金龟子

学名：*Anomala corpulenta*。

别名：铜绿异丽金龟。

危害作物：玉米、花生、薯类、棉花、果树、林木等。

分布：湖北、湖南、河南、江西、山东、江苏、安徽、浙江、上海、北京、天津、河北、山西、内蒙古、辽宁、吉林、黑龙江、新疆、陕西、甘肃、四川、云南、贵州、重庆。

叩头虫科（Elateridae）

22. 沟金针虫

学名：*Pleonomus canaliculatus*。

别名：铁丝虫、姜虫、金齿耙、叩头虫。

危害作物：麦类、玉米、高粱、谷子、甘薯、甜菜、马铃薯、麻类、油菜及蔬菜、果树等。

分布：北京、天津、河北、山西、内蒙古、黑龙江、江苏、浙江、安徽、山东、河南、湖北、重庆、四川、贵州、云南、西藏、陕西、甘肃、青海、宁夏、新疆。

23. 细胸金针虫

学名：*Agriotes fusicollis*。

别名：细胸叩头虫、细胸叩头甲、土蚰蜒。

危害作物：食性杂。危害各种农作物、果树及蔬菜等的种子、幼苗。

分布：广泛分布，北起黑龙江、内蒙古、新疆，南至福建、湖南、贵州、广西、云南。

萤叶甲科（Galerucidae）

24. 双斑长跗萤叶甲

学名：*Monolepta hieroglyphica*。

别名：双斑萤叶甲、四目叶甲。

危害作物：豆类、马铃薯、苜蓿、玉米、茼蒿、胡萝卜、十字花科蔬菜、向日葵、杏树、苹果等。

分布：东北、华北以及江苏、浙江、湖北、江西、福建、广东、广西、宁夏、甘肃、陕西、四川、云南、贵州、台湾等

地区。

象甲科（Curculionidae）

25. 大灰象虫

学名：*Sympiezomias velatus*。

危害作物：大豆、花生、甜菜、棉花、烟草、高粱、马铃薯、瓜类、芝麻及果林苗木等。

分布：湖北、湖南、河南、江西、山东、江苏、安徽、浙江、福建、上海、北京、天津、河北、山西、内蒙古、辽宁、吉林、黑龙江、新疆、陕西、甘肃、四川、云南、贵州、重庆、广东、广西、海南。

26. 长喙白条象甲

学名：*Cryptoderma fortunei* Water。

危害作物：大豆、玉米、向日葵、马铃薯。

分布：四川。

六、鳞翅目（Lepidoptera）

麦蛾科（Gelechiidae）

1. 马铃薯块茎蛾

学名：*Phthorimaea operculella*。

别名：马铃薯麦蛾、番茄潜叶蛾、烟潜叶蛾。

危害作物：烟草、马铃薯、茄子、番茄、辣椒、曼陀罗、枸杞、龙葵、酸浆、颠茄、洋金花等茄科植物。

分布：山西、河北、甘肃、内蒙古、宁夏、广东、广西、四川、山东、湖南、湖北、浙江、重庆、云南、贵州、福建等马铃薯和烟草产区。

菜蛾科（Plutellidae）

2. 菜蛾

学名：*Plutella xylostella* Linnaeus。

危害作物：甘蓝、花椰菜、油菜、芜菁、番茄、马铃薯、玉米。

分布：全国各地。

天蛾科（Sphingidae）

3. 芝麻鬼脸天蛾

学名：*Acherontia styx*。

危害作物：芝麻、茄子、甘薯、豆类、马铃薯。

分布：河北、山东、山西、浙江、江西、湖北、广东、陕西。

4. 芋双线天蛾

学名：*Theretra oldenlandiae*。

危害作物：芋头、甘薯、大豆、马铃薯、葡萄。

分布：东北以及江西、台湾、河南、广西、陕西、四川。

夜蛾科（Noctuidae）

5. 小地老虎

学名：*Agrotis ypsilon*。

别名：土蚕、黑地蚕、切根虫。

危害作物：食性杂，危害马铃薯等百余种植物。

分布：广泛分布，以雨量丰富、气候湿润的长江流域和东南沿海发生量大，东北地区多发生在东部和南部湿润地区。

6. 大地老虎

学名：*Agrotis tokionis*。

别名：黑虫、地蚕、土蚕、切根虫、截虫。

危害作物：甘蓝、油菜、番茄、茄子、辣椒、马铃薯、棉花、豆类、玉米、烟草及果树幼苗等。

分布：湖北、湖南、河南、江西、山东、江苏、安徽、浙江、福建、上海、北京、天津、河北、山西、内蒙古、辽宁、吉林、黑龙江、新疆、陕西、甘肃、四川、云南、贵州、重庆、广东、广西、海南。

7. 黄地老虎

学名：*Agrotis segetum*。

危害作物：玉米、棉花、麦类、冬绿肥、烟草、马铃薯等。

分布：河南、山东、北京、天津、河北、山西、内蒙古、辽宁、吉林、黑龙江、新疆、陕西、甘肃。

8. 警纹地老虎

学名：*Agrotis exclamationis*。

别名：警纹夜蛾、警纹地夜蛾。

危害作物：油菜、萝卜、马铃薯、胡麻、棉花、苜蓿、甜菜、大葱等。

分布：内蒙古、甘肃、宁夏、新疆、西藏、青海。

9. 甜菜夜蛾

学名：*Spodoptera exigua*。

别名：贪夜蛾。

危害作物：芝麻、甜菜、玉米、荞麦、花生、大豆、豌豆、苜蓿、白菜、莴苣、番茄、马铃薯、棉花、亚麻、红麻等。

分布：湖北、湖南、河南、江西、山东、江苏、安徽、浙江、福建、上海、北京、天津、河北、山西、内蒙古、辽宁、吉林、黑龙江、新疆、陕西、甘肃、四川、云南、贵州、重庆、广东、广西、海南。

螟蛾科（Pyralidae）

10. 草地螟

学名：*Loxostege sticticalis*。

别名：黄绿条螟、甜菜网螟、网锥额蚜螟等。

危害作物：杂食性害虫，主要危害甜菜、苜蓿、大豆、马铃薯、亚麻、向日葵、胡萝卜、葱、玉米、高粱、蓖麻，以及藜科、苋科、菊科等植物。

分布：吉林、内蒙古、黑龙江、宁夏、甘肃、青海、河北、山西、陕西、江苏等省份。

毒蛾科（Lymantriidae）

11. 梯带黄毒蛾

学名：*Euproctis montis*。

危害作物：梨、桃、葡萄、柑橘、桑树、茶树、马铃薯、茄子。

分布：江苏、浙江、江西、福建、湖北、湖南、广西、广东、四川、云南。

七、双翅目（Diptera）

潜蝇科（Agromyzidae）

1. 美洲斑潜蝇

学名：*Liriomyza sativae*。

危害作物：瓜类、豆类、辣椒、茄子、番茄、马铃薯、棉花及花卉等植物。

分布：湖北、湖南、河南、江西、山东、江苏、安徽、浙江、福建、上海、北京、天津、河北、山西、内蒙古、辽宁、吉林、新疆、陕西、甘肃、四川、云南、贵州、重庆、广东、广西、海南。

2. 南美斑潜蝇

学名：*Liriomyza huidobrensis*。

别名：拉美斑潜蝇。

危害作物：苋菜、甜菜、菠菜、莴苣、蒜、甜瓜、菜豆、豌豆、蚕豆、洋葱、亚麻、番茄、马铃薯、辣椒、旱芹、大丽花、石竹花、烟草、石头花和报春花等50余种植物。

分布：云南、贵州、甘肃、四川、青海、山西、山东、河南、河北、湖北、广东、吉林、内蒙古等省份。

八、蜱螨目（Acarina）

叶螨科（Tetranychidae）

1. 二斑叶螨

学名：*Tetranychus urticae*。

别名：二点叶螨、棉红蜘蛛、叶锈螨。

危害作物：玉米、高粱、棉花、大豆、黄瓜、马铃薯等。

分布：吉林、内蒙古、黑龙江、浙江、山东、山西、江苏、安徽、河北、北京、河南、辽东、江苏、广东、广西等地区。

2. 朱砂叶螨

学名：*Tetranychus cinnabarinus*。

别名：红蜘蛛、叶螨、大龙、砂龙、红眼蒙。

危害作物：玉米、高粱、棉花、大豆、黄瓜、马铃薯等。

分布：山东、吉林、内蒙古、山东、山西、江苏、安徽、河北、北京、河南、辽东、江苏、广东、广西、黑龙江、浙江等地区。

跗线螨科（Tarsonemidae）

3. 茶半跗线螨

学名：*Hemitarsonemus latus*。

危害作物：茶树、黄麻、蓖麻、棉花、橡胶、柑橘、大豆、花生、马铃薯、番茄、榆树、椿树等。

分布：江苏、浙江、福建、湖北、河南、四川、贵州。

第二章　马铃薯主要病虫害发生区划研究

2010—2012 年连续 3 年对 31 个省（自治区、直辖市）186 个县的植保站及国家马铃薯产业技术体系综合试验站上报的普查数据进行核实、补充调查、统计，分析得出马铃薯主要病虫害发生区划。由于我国幅员辽阔，气候、栽培等条件差异较大，且调查县点有限，只能粗略反映出 2010—2012 年我国马铃薯主要病虫害的发生及严重程度，仍需进一步完善。

第一节　马铃薯花叶病发生分布区划分析

马铃薯花叶病常表现为植株矮化，叶片皱缩，叶片斑驳、黄绿不均，叶脉坏死，叶片革质化、易脆裂等症状。2010—2012 年全国马铃薯花叶病的调查结果显示，该病害在我国马铃薯种植区普遍发生，发生程度逐年减轻。目前在甘肃、宁夏、内蒙古、山西、河北、山东、云南、贵州、广西、福建等省份的马铃薯种植地区中度偏重发生，其他省份部分地区发病较轻。使用合格种薯、田间喷施药剂防治蚜虫等传播介体均可有效控制花叶病的发生。

第二节　马铃薯卷叶病发生分布区划分析

马铃薯卷叶病是马铃薯种植过程中的重要病毒病之一，当年被侵染的植株初期症状表现为顶部细嫩，叶片直立、黄化，小叶沿叶脉向上卷曲，小叶基部边缘常呈紫红色；感病种薯播种出苗后，植株下部叶片卷曲、僵直、革质化，边缘坏死，随后上部叶片出现卷曲、褪绿，严重时病株明显矮化，叶片背面紫红色，株形松散。2010—2012年全国马铃薯卷叶病的调查结果显示，该病害分布极广，在我国马铃薯种植区普遍发生，发病程度逐年减轻。目前甘肃、宁夏、内蒙古、山东、河北、云南、福建等省份的马铃薯种植地区中度偏重发生，其他省份的马铃薯种植地区轻度发生。通过使用合格种薯、田间喷施药剂防治蚜虫等传播介体均可有效控制卷叶病的发生。

第三节　马铃薯晚疫病发生分布区划分析

马铃薯晚疫病导致茎叶死亡和块茎腐烂，是一种毁灭性的真菌病害。叶片染病先在叶尖或叶缘出现水渍状绿褐色斑点，病斑周围具浅绿色晕圈，湿度大时病斑迅速扩大，呈褐色，并产生一圈白霉，茎部或叶柄染病出现褐色条斑。严重时叶片萎垂、卷缩，终致全株黑腐，全田一片枯焦。块茎染病初生褐色或紫褐色大块病斑，稍凹陷，病部皮下薯肉亦呈褐色，慢慢向四周扩大或烂掉。2010—2012年全国马铃薯晚疫病的调查结果显示，该病害在我国各马铃薯主产区发生普遍。重度发病地区包括宁夏、甘肃、内蒙古东南部、云南、广西、重庆、四川、福建、山东、辽宁等地区，这些地区气候湿润多雨，适宜病害发展；轻度发生区包括黑龙江、吉林、山西、湖北、湖南、陕西、浙江和新疆等地区，这些地区马铃薯晚疫病发生的规模小，但是多雨潮湿的年份部分地区危害较重。

第四节 马铃薯早疫病发生分布区划分析

马铃薯早疫病主要发生在叶片上，也可侵染块茎。叶片病斑黑褐色，圆形或近圆形，具同心轮纹。湿度大时，病斑上生出黑色霉层。发病严重的叶片干枯脱落，田间一片枯黄。块茎染病产生暗褐色稍凹陷圆形或近圆形病斑，边缘分明，皮下呈浅褐色海绵状干腐。2010—2012 年全国马铃薯早疫病的调查结果显示，该病害在我国各马铃薯产区均有发生。中等偏重发生区主要在宁夏、甘肃、广西、辽宁、贵州、四川等省份，在甘肃东部部分县区早疫病重度发生，病株率达 80%以上；大部分地区轻度发病，包括黑龙江、吉林、内蒙古、河北、山东、河南、山西、福建、湖北、湖南、四川、云南、青海和新疆等省份的马铃薯种植区。

第五节 马铃薯青枯病发生分布区划分析

马铃薯青枯病是典型的细菌维管束病害，幼苗期和成株期均可发生。田间发病叶片、分枝或整株呈急性青枯萎蔫，发病植株茎秆基部维管束变黄色或黄褐色。块茎感病一般脐部组织最先出现黄褐色症状，块茎表皮颜色无明显变化，严重时芽眼逐渐变暗；中后期脐部和芽眼均可自然溢出乳白色菌脓，但薯肉和皮层并不分离，病薯块横断面维管束呈黑褐色点状环；后期整个块茎内部腐烂成空洞。部分带有潜伏病菌的薯块在储藏期间腐烂。2010—2012 年全国马铃薯青枯病的调查结果显示，该病害主要在我国南方发生较严重，在北方仅零星或轻度发生。目前云南、贵州、广西、福建、浙江、山东、重庆等省份的部分地区为中度偏重发生；新疆、西藏、青海、陕西、山西、黑龙江、吉林等省份的马铃薯种植区无青枯病发生；其他各省份青枯病发生较轻，

零星发生。

第六节　马铃薯黑胫病发生分布区划分析

马铃薯黑胫病主要侵染马铃薯地下及近地面主茎和薯块，染病植株在近地面茎秆上形成黑色、光亮的病斑，低温、潮湿时发病严重，病斑可扩展至叶柄。染病植株一般矮小、长势弱、茎秆变硬、节间缩短、叶片褪绿且上卷。薯块染病后，病斑于脐部向髓部呈放射状向内扩展，轻者无明显症状或病斑只限于脐部且维管束切面呈点状或短线状变色；重者病部与维管束均呈黑褐色，薯块软化，薯肉呈灰白色、腐烂，挤压皮肉不分离，湿度大时整个薯块腐烂发臭呈黏稠状。2010—2012 年全国马铃薯黑胫病的调查结果显示，该病害发生范围较广，普遍发生。目前甘肃、宁夏、新疆、四川、贵州、广西、浙江、河北、辽宁等省份的马铃薯种植区中度偏重发生；其余各省份轻度发生。

第七节　马铃薯蚜虫发生分布区划分析

危害马铃薯的蚜虫主要有桃蚜、萝卜蚜和甘蓝蚜，其中桃蚜危害最为严重。蚜虫的主要危害是吸食植株汁液，传播马铃薯病毒病，影响植株长势。2010—2012 年全国马铃薯蚜虫的调查结果显示，蚜虫在我国马铃薯种植区普遍发生，大部分地区为常发。目前辽宁、甘肃、宁夏、云南、广西、福建等省份的部分地区为重度发生；新疆、甘肃、宁夏、山西、河北、辽宁、山东、四川、重庆、云南、贵州、湖南、浙江、福建、广西等省份的部分地区为中度发生；新疆、内蒙古、黑龙江、吉林、辽宁、河北、山西、宁夏、甘肃、山东、四川、重庆、湖北、浙江、云南、贵州、湖南、福建、广西、广东等省份的部分地区为轻度发生。

第八节　马铃薯块茎蛾发生分布区划分析

马铃薯块茎蛾主要危害马铃薯的叶和块茎。2010—2012年对全国马铃薯块茎蛾的调查结果显示，马铃薯块茎蛾主要发生在西南地区，部分地区发生频率虽为常发，但虫株率小于10%。目前辽宁、四川、广西等省份的部分地区为中度发生；辽宁、河北、宁夏、甘肃、四川、重庆、湖北、云南、贵州、湖南、福建、广西、广东等省份的部分地区为轻度发生；其他省份未发生。

第九节　马铃薯二十八星瓢虫发生分布区划分析

马铃薯二十八星瓢虫1年发生2～3代。成虫在枯草、树木裂口及石缝中越冬。2010—2012年对全国马铃薯二十八星瓢虫的调查结果显示，该虫在马铃薯种植区普遍发生，部分地区的发生频率虽为常发，但被害株率（虫株率）一般小于10%。目前内蒙古、辽宁、河北、山西、湖北、广西、福建、浙江等省份的部分地区为中度发生；黑龙江、吉林、辽宁、内蒙古、河北、陕西、宁夏、甘肃、四川、重庆、湖北、浙江、福建、湖南、云南、贵州、广西等省份的部分地区为轻度发生；新疆、西藏、青海、山东、河南等马铃薯种植区未发现二十八星瓢虫。

第三章　马铃薯主要病害危害损失研究

选择马铃薯晚疫病、早疫病、青枯病 3 种重要病害开展危害损失研究，明确 3 种重要病害在我国北方、南方和中原二作区造成的产量损失。2011—2012 年连续 2 年对以内蒙古为代表的北方一季作区、以河北和山东为代表的中原二作区、以重庆为代表的南方冬作区开展研究，每个生态区至少选择 3 个县点，在各种病害常发、重发地区设置定点小区试验，处理为病害控制和不控制。初步明确了马铃薯晚疫病、早疫病、青枯病的发生程度及造成的产量损失，为进一步研究提供参考依据。

第一节　马铃薯晚疫病发生程度及危害损失评估报告

马铃薯具有产量大、对环境条件适应能力强以及栽培方法简单等优点，是我国重要的粮食和经济作物。马铃薯晚疫病是世界上典型的流行性、毁灭性病害，也是对马铃薯生产危害最大的一类病害。马铃薯晚疫病在多雨、气候冷湿、适于疫病发生和流行的地区和年份发生严重，染病后的马铃薯提前枯死，损失严重，全球每年因此病害造成的直接经济损失达170亿美元以上。在欧洲，曾由于气候异常，致使马铃薯晚疫病大流行，引发了震惊全球的爱尔兰大饥荒。马铃薯晚疫病发病初期，叶尖或叶缘出现水渍状小斑点，后迅速扩展并发黑腐烂，在高湿条件下，病斑边缘往往有一圈白色霜霉，叶背更为明显，病斑可沿叶脉侵入叶柄及茎部，形成褐色条斑，严重时全田植株发黑并有特殊臭味。马铃薯晚疫病发生率与生长环境，如相对湿度、气温等关系密切。随着近年来气候变暖与马铃薯栽培种植区域化、规模化的发展，晚疫病发生普遍，危害呈上升趋势，已严重影响马铃薯的产量、品质和商品率，成为马铃薯产业发展的一大制约因素。为更好地评估马铃薯晚疫病的发生程度及造成的产量损失，特进行此试验，为指导马铃薯晚疫病的防治提供理论依据。

一、材料与方法

（一）试验点选择

在我国北方产区、南方产区和中原二作区马铃薯生态区各选择3个县，进行马铃薯晚疫病对马铃薯产量的影响研究。南方产区试验点为重庆市石柱县、奉节县和黔江区；北方产区试验点为内蒙古自治区呼伦贝尔市阿荣旗和牙克石；中原二作区试验点为山东省滕州市、河北省藁城市和围场县。

（二）试验材料

选用当地主栽品种。

（三）试验方法

1. 小区试验评估

选择当地的主要耕作制度、栽培方式、当地主栽品种，在病

虫自然发生条件下，采用药剂防治等多种手段控制非试验对象的所有病、虫、草、鼠害，分别测定晚疫病发生程度及对马铃薯造成的产量损失程度。选点时尽可能选择仅有晚疫病发生，且发生严重程度能代表该生态区的县。

（1）试验处理

①控制晚疫病及所有其他病虫不发生；

②控制除晚疫病以外的所有病虫，仅使晚疫病发生；

（2）田间设计　每小区面积 30m²，根据地力均匀程度设置 4～6 次重复，随机区组排列。小区排列如图 3-1。

晚疫病控制区	晚疫病不控制区	晚疫病控制区	晚疫病不控制区
晚疫病不控制区	晚疫病控制区	晚疫病不控制区	晚疫病控制区

图 3-1　小区试验分布

（3）植株病害调查方法

①病情指数法：当田间发病率为 5%～10%时开始调查，隔 5d 或 6d 调查 1 次，共调查 5 次。每处理 3 点取样，每点调查 5 株，调查全部叶片，按马铃薯晚疫病病情分级标准调查病情，记录发病率，计算病情指数。

0 级：无病斑；

1 级：病斑面积占整个叶片面积 5%以下；

3 级：病斑面积占整个叶片面积 6%～10%；

5 级：病斑面积占整个叶片面积 11%～20%；

7 级：病斑面积占整个叶片面积 21%～50%；

9 级：病斑面积占整个叶片面积 50%以上。

$$病情指数=\frac{\sum(各级病叶数\times相应病情级数)}{调查总叶数\times 9}\times 100$$

②病害发展曲线下面积法（AUDPC）：从出苗开始到收获

定期观察田间病害发展情况，分别目测记载控制区及不控制区每小区的发生程度（按病斑占总叶片面积的比例，用%计算），当田间病情严重度在5%以上时，开始记录。根据流行快慢，调查频率为3～7d 1次。AUDPC可按下列公式计算：

$$\mathrm{AUDPC}=\frac{\sum(X_i+X_{i+1})}{2}\times(T_{i+1}-T_i)$$

其中，X_i、X_{i+1}分别为第一、二次观察的病情严重度，$T_{i+1}-T_i$为两次观察的间隔天数。

（4）按照收获面积计算每667m²产量，计算公式如下：

$$测产面积=种植行距\times收获长度$$

$$每667\mathrm{m}^2产量=\frac{收获产量}{测产面积}$$

$$损失率=\frac{控制区产量-不控制区产量}{控制区产量}\times100\%$$

$$挽回产量损失=控制区产量-不控制区产量$$

2. 大田试验评估

通过生产田调查获知马铃薯晚疫病在生产中的发生程度及对马铃薯产量造成的损失程度。

（1）大田调查方法　在我国北方、南方和中原二作区马铃薯生态区，选择常年晚疫病严重发生的县，在晚疫病发生末期（盛发期稍后）进行发生程度的调查（方法同小区试验评估）。每个生态区调查3个县，每个县调查5块田，要求5块田（0.33～0.67hm²）能代表该地区的发生程度，同时选择同田健株或同类田块（同样栽培方式、品种）作为不发生对照田，并对调查确定的代表不同发生程度的5块田，不发生区对照田做标记，收获时抽样健株、病株分别测产。

（2）大田评估植株调查方法同小区试验评估。

（3）按照收获面积计算每667m²产量，计算公式如下：

$$测产面积=种植行距\times收获长度$$

$$每667m^2产量=\frac{收获产量}{测产面积}$$

$$损失率=\frac{控制区产量-不控制区产量}{控制区产量}\times100\%$$

$$挽回产量损失=控制区产量-不控制区产量$$

二、结果与分析

（一）南方产区马铃薯晚疫病危害损失评估

1. 大田评估

2012年，以主栽品种鄂马铃薯5号为试验品种，通过对重庆市石柱县悦来镇东木村具有代表性的5块田的病情指数和产量损失率进行记载评估，发现不同发病程度引起的产量损失不同。从晚疫病发生情况可以看出，从田间开始出现晚疫病中心病株，大多数田块的病情指数在0.2左右，前期病情发展较慢，5月27日调查显示平均病情指数仅为3.4左右，后期病情发生迅速，流行速度较快，末次调查的平均病情指数最高达到了68.4，多数田块为20～30。

从马铃薯晚疫病产量损失调查得知，不同田块的发病程度不同，第二块田的平均产量损失率最高，达到了38.2%，其末次调查的病情指数平均为68.4，多数田块的产量损失率为20%～35%。

产量损失调查结果初步显示（图3-2），随着病情指数的增加，晚疫病引起的产量损失率呈上升趋势。病情指数较小时，产量损失率上升的趋势较大，当病情指数达到45左右时，损失率增加到了35%左右；病情指数再增加时，其产量损失率增加幅度不大，例如在病情指数为68.4时，产量损失率为38.2%。

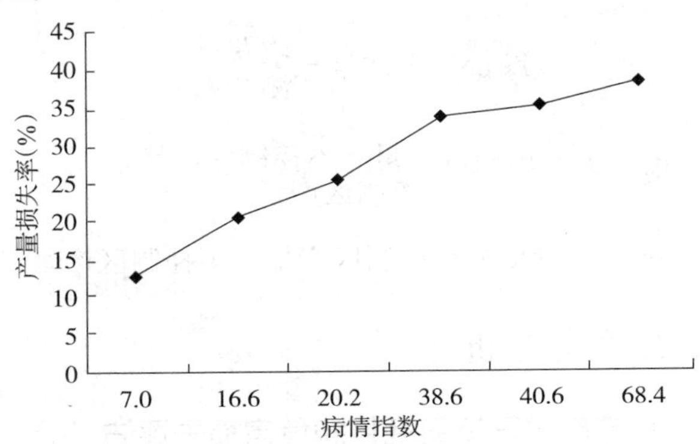

图3-2 马铃薯晚疫病病情指数与产量损失率之间的关系

2. 小区试验

2011年，重庆市石柱县悦来镇东木村试验点以费乌瑞它为试验品种，晚疫病不控制区的平均病情指数为39.1，每667m² 产量为1 637.9kg，晚疫病控制区的病情指数0.16，每667m² 产量为2 282.7kg，产量损失率为28.2%，每667m² 可挽回产量损失644.8kg，按照市场批发价（0.4元/kg）计算，每667m² 可挽回经济损失257.9元；重庆黔江区黄溪镇黄桥村试验点以米拉为试验品种，晚疫病不控制区的平均病情指数为16.9，每667m² 产量为1 550.0kg，晚疫病控制区的病情指数0.54，每667m² 产量为1 826.7kg，产量损失率为15.1%，每667m² 可挽回产量损失276.7kg，按照市场批发价（0.4元/kg）计算，每667m² 可挽回经济损失110.68元；重庆奉节县太和乡石盘村试验点以米拉为试验品种，晚疫病不控制区的病情指数是16.3，每667m² 产量为667.0kg，晚疫病控制区的病情指数0.65，每667m² 产量为828.2kg，产量损失率为19.4%，每667m² 可挽回产量损失161.2kg，按照市场批发价（0.4元/kg）计算，每667m² 可挽回经济损失64.48元。

（二）北方产区马铃薯晚疫病对产量的影响评估

1. 大田评估

2011 年大田调查评估显示，内蒙古自治区阿荣旗新发乡以克新 1 号为调查品种，晚疫病发生程度 AUDPC 值为 197.3（%·d），每 667m² 产量 1 851kg，产量损失率 22.6%；呼伦贝尔市阿荣旗音和乡以费乌瑞它为调查品种，晚疫病 AUDPC 值为 969.2（%·d），每 667m² 产量 667kg，产量损失率 27.3%。

2012 年内蒙古自治区阿荣旗地区以费乌瑞它为调查品种，进行大田调查评估，平均发病程度 AUDPC 值为 2 501.4（%·d），产量损失率为 48.05%，每 667m² 可挽回损失产量 533.28kg，按照当地市场批发价 0.46 元/kg 计算，每 667m² 可挽回经济损失 245.3 元；主栽品种克新 1 号平均发病程度 AUDPC 值为 195.05（%·d），减产 17.13%，每 667m² 可挽回损失产量 248.12kg，按照当地市场批发价 0.46 元/kg 计算，每 667m² 可挽回经济损失 114.14 元。

2. 小区试验

2011 年，以费乌瑞它为试验品种，内蒙古自治区呼伦贝尔市阿荣旗音和乡试验点晚疫病控制区 AUDPC 值为 208.58（%·d），晚疫病不控制区 AUDPC 值为 869.62（%·d），晚疫病控制小区产量 69.8kg，晚疫病不控制小区产量 47.7kg，产量损失率 31.70%；呼伦贝尔市牙克石海满村试验点晚疫病控制区 AUDPC 值为 310.25（%·d），晚疫病不控制小区 AUDPC 值为 425.92（%·d），晚疫病控制小区产量 149.7kg，晚疫病不控制小区产量 110.3kg，产量损失率 26.3%。

2012 年，以费乌瑞它为主栽品种，在内蒙古自治区阿荣旗进行的晚疫病危害损失评估试验显示，药剂控制对晚疫病发展有明显抑制作用，AUDPC 值 692.59（%·d）显著低于不控制区的1 830.01（%·d），产量损失率为 14.8%。2012 年，同样以费乌瑞它为主栽品种，内蒙古自治区牙克石的晚疫病危害损失评估试验显示，药剂控制对晚疫病发展有明显抑制作用，药剂控制 AUDPC 值 605.25（%·d），显著低于不控制区的 829.5（%·d），产量损失率为 26.3%。

因此，在北方一作区，晚疫病不同发病程度造成的产量损失为 25%～60%。应选用晚熟品种、高垄、适当的水肥条件，并结合预测预报指导施药，发病前喷施保护剂，发病后治疗剂交替施用，可有效控制晚疫病发展，减少产量损失。

（三）中原二作区马铃薯晚疫病对产量的影响评估

1. 大田评估

2012 年，以克新 4 号为主栽品种，河北省围场县克勒沟的晚疫病危害损失大田评估显示，晚疫病平均病情指数为 27.31，产量损失率为 24%，每 $667m^2$ 可挽回产量损失 735.55kg，按照当地市场批发价 0.8 元/kg 计算，每 $667m^2$ 可挽回经济损失 588.44 元。

2. 小区试验

2011 年，山东省滕州市龙阳镇的晚疫病危害损失评估试验显示，晚疫病不控制区的病情指数为 28.33，每 $667m^2$ 产量为 2 176.3kg，而控制区的病情指数为 0.39，每 $667m^2$ 产量为 2 709.8kg，产量损失率为 19.7%。每 $667m^2$ 可挽回产量损失 533.5kg，按照市场批发价 0.8 元/kg 计算，每 $667m^2$ 可挽回经济损失 426.8 元。

2012 年，以费乌瑞它为主栽品种，河北省石家庄藁城市晚疫病危害损失评估试验表明，药剂控制对晚疫病发展有显著抑制作用，药剂控制试验区晚疫病病情指数为 0.31，显著低于不控制区的 13.79，控制区每 $667m^2$ 产量为 2 827kg，产量损失率为 13.02%，每 $667m^2$ 可挽回损失 368kg，按照

当地市场批发价 0.7 元/kg 计算，每 667m² 可挽回经济损失 257.6 元。

三、讨论

由于马铃薯晚疫病属于低温高湿病害，其发生时间、流行速度及危害程度均与气候条件密切相关。重庆属于多山地区，马铃薯 1 年可以栽种 3 季，冬季主要在低海拔地区栽种，一般是 11 月播种，翌年 3～4 月收获，该季马铃薯的产量较低，主要作蔬菜食用；该季栽培的马铃薯也会在个别地区感染晚疫病，一般在 4 月有发病地块，但损失不严重。春季一般是 3～4 月栽种，7～8 月收获，是重庆市栽培面积最大、产量较高的一季马铃薯，但同时也是晚疫病发生最为严重，最难防治的一季。秋季一般10～11 月播种，春节左右收获，由于气温较低，该季播种的马铃薯晚疫病基本上没有发生危害。

以内蒙古自治区为代表的北方马铃薯产区，近年来马铃薯晚疫病发生危害呈上升趋势，发病高峰期一般在 7 月下旬到 8 月上旬，正值马铃薯开花期或块茎膨大期，严重影响马铃薯的产量。

中原二作区作为马铃薯晚疫病的偶发区，晚疫病常年呈中偏重发生。马铃薯播种时间一般在 5 月初，上半年马铃薯的长势和气候条件一般不适合晚疫病的发生。7～8 月由于气温及雾露天气影响，连续阴雨及高湿气候条件则有利于马铃薯晚疫病的流行，一般有利于马铃薯晚疫病发生的气候因素会与马铃薯花期相吻合。

在适合晚疫病流行的年份，其造成的危害可能是毁灭性的，在气候比较干燥的年份，马铃薯晚疫病可能发生较轻甚至不发病。因此，在一般年份，生产马铃薯的不同生态区域由于气候和降水的差异，晚疫病造成的危害也有所不同，本文中的调查评估结果是建立在2011年和2012年度试验统计基础上的，其精准性尚需进一步验证。

（撰稿人：单卫星[1]　权军利[1]　丁伟[2]　吴朝龙[2]　张若芳[3]　孙清华[3]　杨志辉[4]　朱杰华[4]//1. 西北农林科技大学植物保护学院　杨凌，712100；2. 西南大学植物保护学院　重庆，400716；3. 内蒙古大学内蒙古马铃薯工程技术研究中心　呼和浩特，010021；4. 河北农业大学　保定，710000）

【附：原始记录表】

西南地区：

2011年马铃薯晚疫病小区试验调查（重庆市石柱县）

填报单位：西南大学植保学院　填报人员：马洪管　调查日期：2011年6月
季作区类型：单季作　耕作方式：起垄栽培　品种：费乌瑞它
试验/生产田块地点：悦来镇东木村

处理	重复	盛发期各级病叶调查结果						病情指数
		总叶数	1级 5%以下	3级 6%～10%	5级 11%～20%	7级 21%～50%	9级 50%以上	
晚疫病不控制区	1	1 593	121	225	256	211	199	37.3
	2	1 835	46	288	212	201	438	44.3
	3	1 596	0	211	188	182	408	45.4
	4	2 625	0	576	273	199	288	30.0
	5	2 172	0	209	375	466	199	38.6
	平均	1 965	34	302	261	252	307	39.1

（续）

处理	重复	盛发期各级病叶调查结果						病情指数
		总叶数	1级 5%以下	3级 6%～10%	5级 11%～20%	7级 21%～50%	9级 50%以上	
晚疫病控制区	1	1 655	12	5	0	0	0	0.18
	2	1 868	13	3	0	0	0	0.13
	3	1 815	23	4	0	0	0	0.21
	4	2 422	12	5	0	0	0	0.12
	5	1 365	8	3	0	0	0	0.14
	平均	2 167	14	4	0	0	0	0.16

调查项目		重复	晚疫病不控制区	晚疫病控制区
病虫危害损失	小区（1.8m²）产量（kg）	重复1	4.92	7.11
		重复2	4.44	6.06
		重复3	4.68	6.45
		重复4	4.5	6.6
		重复5	3.55	4.58
		平均	4.42	6.16
	折合每667m² 产量（kg）		1 637.9	2 282.7

调查项目	晚疫病不控制区	晚疫病控制区
每667m² 产量（kg）	1 637.9	2 282.7
产量损失率（%）	28.25	
每667m² 挽回损失（kg）		644.8
每667m² 挽回经济损失（元）		257.9

2011年马铃薯晚疫病小区试验调查（重庆市黔江区）

填报单位：西南大学植保学院　填报人员：马洪管　调查日期：2011年7月

季作区类型：单季作　耕作方式：低垄栽培　品种：米拉

试验/生产田块地点：黄溪镇黄桥村

处理	重复	盛发期各级病叶调查结果						病情指数
		总叶数	1级 5%以下	3级 6%～10%	5级 11%～20%	7级 21%～50%	9级 50%以上	
晚疫病不控制区	1	2 186	30	176	98	33	216	16.4
	2	1 477	0	18	46	68	133	14.7
	3	1 591	43	32	78	86	165	18.3
	4	1 638	53	43	77	95	147	17.3
	5	1 878	35	73	64	89	203	17.9
	平均	1 754	33	69	73	173	16.9	16.9
晚疫病控制区	1	2 088	43	23	0	0	0	0.60
	2	1 567	46	6	0	0	0	0.45
	3	1 545	38	9	0	0	0	0.47
	4	1 721	49	11	0	0	0	0.53
	5	1 928	51	21	0	0	0	0.66
	平均	1 770	46	14	0	0	0	0.54

调查项目		重复	晚疫病不控制区	晚疫病控制区
病虫危害损失	小区（$2m^2$）产量（kg）	重复1	5.75	6.82
		重复2	4.52	5.26
		重复3	4.21	5.02
		重复4	4.37	4.99
		重复5	4.42	5.32
		平均	4.65	5.48
	折合每$667m^2$产量（kg）		1 550	1 826.7

调查项目	晚疫病不控制区	晚疫病控制区
每 667m² 产量（kg）	1 550	1 826.7
产量损失率（%）	15.1	
每 667m² 挽回损失（kg）		276.7
每 667m² 挽回经济损失（元）		110.68

2011 年马铃薯晚疫病小区试验调查（重庆市奉节县）

填报单位：西南大学植保学院　填报人员：马洪管　调查日期：2011 年 7 月
季作区类型：单季作　耕作方式：起垄，与玉米套作　品种：米拉
试验/生产田块地点：太和乡石盘村

处理	重复	盛发期各级病叶调查结果						病情指数
		总叶数	1 级 5%以下	3 级 6%～10%	5 级 11%～20%	7 级 21%～50%	9 级 50%以上	
晚疫病不控制区	1	2 568	9	156	177	72	54	10.2
	2	1 382	0	5	168	45	23	11.1
	3	1 511	0	20	52	36	11	4.9
	4	1 071	33	121	221	86	18	23.5
	5	823	0	66	88	145	78	31.8
	平均	1 471	9	74	142	77	37	16.3
晚疫病控制区	1	2 389	6	18	5	0	0	0.40
	2	1 456	12	12	9	0	0	0.71
	3	1 567	15	11	4	0	0	0.48
	4	1 123	8	12	8	0	0	0.83
	5	902	13	6	7	0	0	0.81
	平均	1 488	11	12	7	0	0	0.65

调查项目		重复	晚疫病不控制区	晚疫病控制区
病虫危害损失	小区（3.6m²）产量（kg）	重复 1	2.81	3.72
		重复 2	5.09	6.31
		重复 3	2.61	2.93
		重复 4	4.28	5.31
		重复 5	3.22	4.08
		平均	3.6	4.47
	折合每 667m² 产量（kg）		667	828.2

调查项目	晚疫病不控制区	晚疫病控制区
每 667m² 产量（kg）	667	828.2
产量损失率（%）	19.5	
每 667m² 挽回损失（kg）		161.2
每 667m² 挽回经济损失（元）		64.48

2012 年马铃薯晚疫病大田评估调查（重庆市石柱县）

田块	调查点	调查时间									
		5 月 15 日		5 月 21 日		5 月 27 日		6 月 1 日		6 月 7 日	
		病叶率（%）	病情指数	病叶率（%）	病情指数	病叶率（%）	病情指数	病叶率（%）	病情指数	病叶率（%）	病情指数
1	Ⅰ	3	0.6	4	0.6	10	2	31	13.9	48	19.2
	Ⅱ	1	0.2	3	0.6	13	2.6	33	13.7	44	17.1
	Ⅲ	2	0.2	5	0.8	15	2.1	26	11	33	13.4
2	Ⅰ	7	1.3	7	1.4	12	3.1	72	43.1	92	61.3
	Ⅱ	5	1.1	6	1.3	14	3.8	88	56.7	92	69.6
	Ⅲ	8	2	8	2	15	3	84	60.8	94	74.4

（续）

田块	调查点	调查时间									
		5月15日		5月21日		5月27日		6月1日		6月7日	
		病叶率（%）	病情指数	病叶率（%）	病情指数	病叶率（%）	病情指数	病叶率（%）	病情指数	病叶率（%）	病情指数
3	Ⅰ	3	0.3	5	0.7	17	2.4	28	14.8	43	19.3
	Ⅱ	2	0.4	3	0.8	15	2.7	36	15.1	46	21
	Ⅲ	2	0.3	4	0.7	18	2.8	39	16.3	51	20.4
4	Ⅰ	1	0.3	4	0.8	13	2.0	21	9.8	59	39.6
	Ⅱ	1	0.2	8	1.7	12	5.0	25	11.0	57	31.3
	Ⅲ	2	0.3	5	1.3	21	4.5	34	15.3	50	44.8
5	Ⅰ	1	0.1	2	0.7	18	7.3	20	10.4	55	36.8
	Ⅱ	1	0.3	3	0.9	21	8.6	28	12.3	72	41.9
	Ⅲ	2	0.3	3	0.7	17	5.2	31	14.1	62	43.2

2012年马铃薯晚疫病大田评估产量损失记录（重庆市石柱县）

田块	调查点	每0.7m² 产量（kg）		产量损失率（%）	每667m² 挽回损失（kg）
		控制区	不控制区		
1	Ⅰ	1.02	0.81	20.6	200
	Ⅱ	1.17	0.89	23.9	266
	Ⅲ	1.25	1.03	17.6	209
	平均	1.15	0.91	20.7	225

（续）

田块	调查点	每 0.7m² 产量（kg）		产量损失率（%）	每 667m² 挽回损失（kg）
		控制区	不控制区		
2	Ⅰ	0.81	0.51	37.0	285
	Ⅱ	0.97	0.63	35.1	323
	Ⅲ	0.89	0.51	42.7	361
	平均	0.89	0.55	38.3	323
3	Ⅰ	1.23	0.99	19.5	228
	Ⅱ	1.06	0.77	27.4	276
	Ⅲ	1.09	0.78	28.4	295
	平均	1.13	0.85	25.1	266
4	Ⅰ	0.98	0.65	33.7	314
	Ⅱ	1.12	0.78	30.4	323
	Ⅲ	1.09	0.69	36.7	380
	平均	1.06	0.71	33.6	339
5	Ⅰ	0.95	0.65	31.6	285
	Ⅱ	1.00	0.62	38.0	361
	Ⅲ	0.84	0.54	35.7	285
	平均	0.93	0.60	35.1	310

中原二季作区：

2011年马铃薯晚疫病小区试验调查（山东省滕州市）

填报单位：河北农业大学　填报人员：杨志辉　调查日期：2011年6月20日
季作区类型：中原二作　耕作方式：地膜覆盖　品种：中薯3号
试验田块地点：滕州龙阳镇

处理	重复	盛发期各级病叶调查结果						病情指数
		总叶数	1级 5%以下	3级 6%～10%	5级 11%～20%	7级 21%～50%	9级 50%以上	
晚疫病不控制区	1	759	89	89	103	149	0	28.02
	2	742	102	96	107	135	0	28.00
	3	747	76	101	115	140	0	28.77
	4	750	102	96	125	130	0	28.52
	平均	749.5	92	96	113	139	0	28.33
晚疫病控制区	1	749	18	0	0	0	0	0.27
	2	753	21	6	0	0	0	0.58
	3	745	22	0	0	0	0	0.33
	4	736	10	5	0	0	0	0.38
	平均	746	18	3	0	0	0	0.39

调查项目			处理	
			晚疫病不控制区	晚疫病控制区
病虫危害损失	小区（$30m^2$）产量（kg）	重复1	98.2	120.3
		重复2	95.1	119.6
		重复3	100.4	125.8
		重复4	97.8	121.9
		平均	97.9	121.9
	折合每$667m^2$产量（kg）		2 176.3	2 709.8

调查项目	处理	
	晚疫病不控制区	晚疫病控制区
病虫发生程度	28.33	0.39
每 667m^2 产量（kg）	2 176.3	2 709.8
产量损失率（%）	19.7	
每 667m^2 挽回产量损失（kg）		533.5
每 667m^2 挽回经济损失（元）		426.8

注：马铃薯按 0.8 元/kg 的批发价来计算。

2012 年马铃薯晚疫病小区试验调查（河北省藁城市）

填报单位：河北农业大学　填报人员：杨志辉　调查日期：2012 年 6 月 18 日
季作区类型：中原二作　耕作方式：地膜覆盖　品种：费乌瑞它
试验田块地点：藁城市东里村

处理	重复	盛发期各级病叶调查结果						病情指数
		总叶数	1 级 5%以下	3 级 6%～10%	5 级 11%～20%	7 级 21%～50%	9 级 50%以上	
晚疫病不控制区	1	720	89	88	110	4	0	14.37
	2	707	110	96	98	1	0	14.07
	3	706	95	101	88	2	0	13.41
	4	747	134	86	88	9	0	13.31
	平均	720	107	93	96	4	0	13.79
晚疫病控制区	1	742	10	1	0	0	0	0.19
	2	743	14	3	0	0	0	0.34
	3	738	13	2	0	0	0	0.29
	4	740	15	4	0	0	0	0.41
	平均	740	13	3	0	0	0	0.31

调查项目			处　理	
			晚疫病不控制区	晚疫病控制区
病虫危害损失	小区（30m²）产量（kg）	重复 1	109.5	128.3
		重复 2	110.8	132.6
		重复 3	103.4	121.8
		重复 4	118.7	125.9
		平均	110.6	127.15
	折合每 667m² 产量（kg）		2 459.0	2 827.0

调查项目	处　理	
	晚疫病不控制区	晚疫病控制区
病虫发生程度（病情指数）	13.79	0.31
每 667m² 产量（kg）	2 827.0	2 459.0
产量损失率（%）	13.02	
每 667m² 挽回产量损失（kg）		368.0
每 667m² 挽回经济损失（元）		257.6

注：马铃薯按 0.7 元/kg 批发价计算。

2012 年马铃薯晚疫病大田评估试验（河北省承德市围场县）

供试药剂有关信息

通用名	含量、剂型	每 667m² 喷施剂量	商品名	生产厂家
氟吡菌胺·霜霉	68.75%悬浮剂	75mL	银法利	德国拜耳公司
噁唑菌酮·霜脲氰	52.5%水分散粒剂	30g	抑快净	美国杜邦公司
霜脲氰·代森锰锌	72%可湿性粉剂	100g	克露	美国杜邦公司
双炔酰菌胺	25%悬浮剂	40 mL	瑞凡	瑞士先正达公司
烯肟菌胺·戊唑醇	20%悬浮剂	30mL	爱可	沈阳科创化学品公司

药剂价格表

商品名	每 667m² 药剂价格（元/次）
银法利	30
抑快净	22
克露	12
瑞凡	36
爱可	21

调查表

	控制区			不控制区	
	病叶率（%）	病情指数	防效（%）	病叶率（%）	病情指数
施药前	1.67	1.58		2.56	0.73
第一次施药后 7d	4.44	1.98	87.24	11.78	7.14
第二次施药后 7d	30.67	12.79	92.56	87.11	79.26
第三次施药后 7d	34.89	18.44	90.07	98	85.6
第四次施药后 7d	36.44	27.31	86.57	98.22	93.75

药剂处理对马铃薯的增产效应

处理	每 667m² 产量（kg）		总产量（kg）	总增产率（%）	大薯增产率（%）
	大薯	小薯			
控制区	2 793.99	257.54	3 051.52	31.76	66.63
不控制区	1 676.76	639.20	2 315.97	—	—

北方一季作区：

2011年马铃薯晚疫病小区试验调查（内蒙古呼伦贝尔牙克石）

填报单位：牙克石市植保站　填报人员：杨林森　调查日期：2011年9月14日
季作区类型：一季　耕作方式：垄作　品种：费乌瑞它　试验地点：海满村

小区评估田间发病调查

重复	处理	调查时间（月/日）	调查时间（月/日）	调查时间（月/日）	调查时间（月/日）	调查时间（月/日）
		7/20	7/30	8/5	8/10	8/15
		病叶率（%）	病叶率（%）	病叶率（%）	病叶率（%）	病叶率（%）
Ⅰ	控制	3	5	12	23	26
Ⅰ	不控制	3	7	18	28	30
Ⅱ	控制	2	4	10	19	24
Ⅱ	不控制	4	8	15	26	32
Ⅲ	控制	2	5	11	19	27
Ⅲ	不控制	4	9	19	28	32
Ⅳ	控制	2	6	16	23	28
Ⅳ	不控制	4	9	18	26	30
Ⅴ	控制	2	8	17	24	28
Ⅴ	不控制	5	10	26	30	35
Ⅵ	控制	2	6	18	24	28
Ⅵ	不控制	6	11	26	30	34

调查项目		重复	晚疫病不控制区	晚疫病控制区
病虫危害损失	小区（$30m^2$）产量（kg）	重复1	111	151
		重复2	110	148
		重复3	108	149
		重复4	107	148

（续）

调查项目		重复	晚疫病不控制区	晚疫病控制区
病虫危害损失	小区（30m²）产量（kg）	重复 5	112	150
		重复 6	114	152
		平均	110.3	149.7
	折合每 667m² 产量（kg）		2 451	3 327

2011 年马铃薯晚疫病小区试验调查（内蒙古呼伦贝尔阿荣旗）

填报单位：阿荣旗植保植检站　填报人员：孙平立　调查日期：2011 年 9 月 14 日

季作区类型：一季　耕作方式：垄作　品种：鲁引 1 号

试验地点：音河乡和平村二道沟

小区评估田间发病调查

和平二道沟田块		调查时间（月/日）		调查时间（月/日）		调查时间（月/日）		调查时间（月/日）		调查时间（月/日）		调查时间（月/日）	
		8/1		8/10		8/16		8/21		8/26		9/2	
重复	处理	病叶率（%）	病情指数	病叶率（%）	病情指数	病叶率（%）	病情指数	病叶率（%）	病情指数	病叶率（%）	病情指数	病叶率（%）	病情指数
Ⅰ	控制	0	0	1	0.25	1	0.25	12	3	15	3.75	17	4.25
Ⅰ	不控制	0.2	0.05	7	1.75	7	1.75	12	3	75	56.3	90	90
Ⅱ	控制	0	0	2	0.5	2	0.5	12	3	12	3	15	3.75
Ⅱ	不控制	0.1	0.025	3	0.75	3	0.75	12	3	80	60	85	85
Ⅲ	控制	0	0	1	0.25	1	0.25	8	2	20	5	20	5
Ⅲ	不控制	0	0	7	1.75	7	1.75	14	3.5	66	49.5	87	87
Ⅳ	控制	0	0	2	0.5	2	0.5	10	2.5	18	4.5	18	4.5
Ⅳ	不控制	0.1	0.025	5	1.25	5	1.25	15	3.75	72	54	90	90
Ⅴ	控制	0	0	2	0.5	2	0.5	8	2	10	2.5	12	3
Ⅴ	不控制	0.2	0.05	4	1	4	1	15	3.75	65	48.8	88	88
Ⅵ	控制	0	0	1	0.25	1	0.25	7	1.75	10	2.5	15	3.75
Ⅵ	不控制	0	0	3	0.75	3	0.75	15	3.75	70	52.5	90	90

调查项目		重复	晚疫病不控制区	晚疫病控制区
危害损失	小区（30m²）产量（kg）	重复1	57.4	55.6
		重复2	47.1	65.05
		重复3	42.5	86.05
		重复4	45.6	75.6
		重复5	43.2	67.5
		重复6	50.6	68.9
		平均	47.7	69.8
	折合667m² 产量（kg）		1 060	1 551.2

2011年马铃薯晚疫病大田评估调查（内蒙古呼伦贝尔牙克石）

填报单位：牙克石市植保站　填报人员：杨林森　调查日期：2011年9月14日
季作区类型：一季　耕作方式：垄作　品种：费乌瑞它　试验地点：海满村

大田评估田间发病调查

田块	重复	位置	调查时间（月/日）	调查时间（月/日）	调查时间（月/日）	调查时间（月/日）	调查时间（月/日）
			7/22	7/28	8/2	8/10	8/15
			病叶率（%）	病叶率（%）	病叶率（%）	病叶率（%）	病叶率（%）
第一块田	Ⅰ	东	3	6	13	20	28
	Ⅱ	中	4	8	19	24	29
	Ⅲ	西	3	7	18	26	32
第二块田	Ⅰ	东	2	5	9	16	27
	Ⅱ	中	4	9	16	21	28
	Ⅲ	西	3	8	18	23	30
第三块田	Ⅰ	东	4	8	12	19	28
	Ⅱ	中	5	12	21	28	32
	Ⅲ	西	3	7	15	20	28

调查项目		晚疫病不控制区		晚疫病控制区	
		株数	每 2.25m² 产量（kg）	株数	每 2.25m² 产量（kg）
选三点	重复 1	12	10.2	11	14.5
	重复 2	11	10.5	12	14.8
	重复 3	12	10.1	11	14.6
	平均值	11.7	10.3	11.3	14.6
病虫危害损失	每 667m² 产量（kg）	3 043		4 326	
	产量损失率（%）	29.7			
	挽回损失（kg）			1 283	
	每 667m² 挽回经济损失（元）			1 283	

注：按市场价 1.0 元/kg 计算挽回经济损失。

2011 年马铃薯晚疫病大田评估试验调查（内蒙古呼伦贝尔阿荣旗）

填报单位：阿荣旗植保植检站　填报人员：孙平立　调查日期：2011 年 9 月 14 日

季作区类型：一季　耕作方式：垄作　品种：费乌瑞它

试验地点：音河乡和平村二道沟

大田评估田间发病调查

田块	重复	位置	调查时间（月/日）		调查时间（月/日）		调查时间（月/日）		调查时间（月/日）		调查时间（月/日）		调查时间（月/日）	
			8/1		8/10		8/16		8/21		8/26		9/2	
			病叶率（%）	病情指数	病叶率（%）	病情指数	病叶率（%）	病情指数	病叶率（%）	病情指数	病叶率（%）	病情指数	病叶率（%）	病情指数
新发乡大有庄村	Ⅰ	南	0	0	3	0.6	3	0.6	6	1.2	15	3	15	3
	Ⅱ	中	0	0	2	0.4	2	0.4	4	0.8	13	3.3	13	3.3
	Ⅲ	北	0	0	3	0.6	2	0.4	7	1.4	15	3	15	3
复兴镇靠山村 1	Ⅰ	南	0	0	3	0.6	3	0.6	10	2	30	12	48	19.2
	Ⅱ	中	0	0	1	0.2	3	0.6	13	2.6	33	13.2	43	17.2
	Ⅲ	北	0.2	0.05	1	0.2	4	0.8	13	2.6	28	11.2	33	13.2

（续）

田块	重复	位置	调查时间（月/日）8/1		调查时间（月/日）8/10		调查时间（月/日）8/16		调查时间（月/日）8/21		调查时间（月/日）8/26		调查时间（月/日）9/2	
			病叶率（%）	病情指数	病叶率（%）	病情指数	病叶率（%）	病情指数	病叶率（%）	病情指数	病叶率（%）	病情指数	病叶率（%）	病情指数
复兴镇靠山村2	Ⅰ	南	0	0	1	0.2	12	2.4	20	4	60	36	66	38.4
	Ⅱ	中	0	0	12	3	12	2.4	22	4.4	68	39.2	78	45.2
	Ⅲ	北	0	0	12	3	13	2.6	22	4.4	55	33	65	38
音河乡和平村1	Ⅰ	南	0	0	7	1.4	7	1.4	12	2.4	72	43.2	92	69.6
	Ⅱ	中	0	0	5	1	6	1.2	14	2.8	88	66.8	92	69.6
	Ⅲ	北	0	0	8	2	8	1.6	15	3	84	60.8	94	74.4
音河乡和平村2	Ⅰ	南	0	0	2	0.5	2	0.4	12	2.4	50	30	58	54
	Ⅱ	中	0	0	3	0.6	3	0.6	13	2.6	53	31.2	73	33.2
	Ⅲ	北	0	0	3	0.6	3	0.6	10	2	58	27.6	68	31.6

2011 年马铃薯晚疫病大田评估调查（内蒙古呼伦贝尔阿荣旗）

填报单位：阿荣旗植保植检站　填报人员：孙平立　调查日期：2011 年 9 月 14 日

季作区类型：一季　耕作方式：大垄密植　品种：费乌瑞它

试验地点：新发乡大有庄村

调查项目		晚疫病不控制区		晚疫病控制区	
		株数	每 $0.9m^2$ 产量（kg）	株数	每 $0.9m^2$ 产量（kg）
选三点	重复 1	5	2.8	5	2.6
	重复 2	6	3	5	3.5
	重复 3	5	2.6	6	3.2
	平均值	5.3	2.8	5.3	3.1
病虫危害损失	每 $667m^2$ 产量（kg）	2 073.96		2 296.2	
	产量损失率（%）	9.7			
	挽回损失（kg）			222.24	
	每 $667m^2$ 挽回经济损失（元）			111.12	

注：按市场价 0.50 元/kg 计算挽回经济损失。

2011 年马铃薯晚疫病大田评估调查（内蒙古呼伦贝尔阿荣旗）

填报单位：阿荣旗植保植检站　填报人员：孙平立　调查日期：2011 年 9 月 15 日
季作区类型：一季　耕作方式：垄作　品种：费乌瑞它
试验地点：复兴镇靠山村 1

调查项目		晚疫病不控制区		晚疫病控制区	
		株数	每 0.9m² 产量（kg）	株数	每 0.9m² 产量（kg）
选三点	重复 1	4	1.4	4	1.5
	重复 2	5	1.2	5	1.6
	重复 3	4	1.1	4	1.6
	平均值	4.3	1.2	4.3	1.6
病虫危害损失	每 667m² 产量（kg）	1 265.03		1 606.93	
	产量损失率（%）	21.3			
	挽回损失（kg）			341.9	
	每 667m² 挽回经济损失（元）			170.95	

注：按市场价 0.50 元/kg 计算挽回经济损失。

2011 年马铃薯晚疫病大田评估调查（内蒙古呼伦贝尔阿荣旗）

填报单位：阿荣旗植保植检站　填报人员：孙平立　调查日期：2011 年 9 月 15 日
季作区类型：一季　耕作方式：垄作　品种：费乌瑞它
试验地点：复兴镇靠山村 2

调查项目		晚疫病不控制区		晚疫病控制区	
		株数	每 0.9m² 产量（kg）	株数	每 0.9m² 产量（kg）
选三点	重复 1	4	1	4	1.7
	重复 2	4	1.1	4	1.6
	重复 3	4	1.2	4	1.5
	平均值	4	1.1	4	1.6

（续）

调查项目		晚疫病不控制区		晚疫病控制区	
		株数	每 0.9m² 产量（kg）	株数	每 0.9m² 产量（kg）
病虫危害损失	每 667m² 产量（kg）	1 128.27		1 641.12	
	产量损失率（%）	31.3			
	挽回损失（kg）			512.85	
	每 667m² 挽回经济损失（元）			256.43	

注：按市场价 0.50 元/kg 计算挽回经济损失。

2011 年马铃薯晚疫病大田评估调查（内蒙古呼伦贝尔阿荣旗）

填报单位：阿荣旗植保植检站　填报人员：孙平立　调查日期：2011 年 9 月 14 日

季作区类型：一季　耕作方式：垄作　品种：费乌瑞它

试验地点：音河乡和平村 1

调查项目		晚疫病不控制区		晚疫病控制区	
		株数	每 0.9m² 产量（kg）	株数	每 0.9m² 产量（kg）
选三点	重复 1	4	0.8	4	1.4
	重复 2	4	1.1	5	1.5
	重复 3	5	0.9	4	1.7
	平均值	4.3	0.9	4.3	1.5
病虫危害损失	每 667m² 产量（kg）	957.32		1 572.74	
	产量损失率（%）	39.1			
	挽回损失（kg）			615.42	
	每 667m² 挽回经济损失（元）			307.71	

注：按市场价 0.50 元/kg 计算挽回经济损失。

2011 年马铃薯晚疫病大田评估调查（内蒙古呼伦贝尔阿荣旗）

填报单位：阿荣旗植保植检站　填报人员：孙平立　调查日期：2011 年 9 月 14 日
季作区类型：一季　耕作方式：垄作　品种：费乌瑞它
试验地点：音河乡和平村 2

调查项目		晚疫病不控制区		晚疫病控制区	
		株数	每 0.9m² 产量（kg）	株数	每 0.9m² 产量（kg）
选三点	重复 1	4	1	4	1.4
	重复 2	4	0.9	5	1.3
	重复 3	4	1.1	4	1.4
	平均值	4	1	4.3	1.4
病虫危害损失	每 667m² 产量（kg）	1 025.7		1 401.8	
	产量损失率（%）	26.8			
	挽回损失（kg）			376.1	
	每 667m² 挽回经济损失（元）			188	

注：按市场价 0.50 元/kg 计算挽回经济损失。

2012 年铃薯晚疫病调查（内蒙古呼伦贝尔牙克石）

填报单位：牙克石市植保站　填报人员：杨林森　调查日期：2012 年 9 月 12 日
季作区类型：一季　耕作方式：垄作　品种：费乌瑞它　试验地点：海满村

重复	处理	调查时间（月/日）	调查时间（月/日）	调查时间（月/日）	调查时间（月/日）	调查时间（月/日）
		7/2	7/3	8/5	8/1	8/15
		病叶率（%）	病叶率（%）	病叶率（%）	病叶率（%）	病叶率（%）
Ⅰ	控制	3	5	12	23	26
Ⅰ	不控制	3	7	18	28	30
Ⅱ	控制	2	4	10	19	24
Ⅱ	不控制	4	8	15	26	32
Ⅲ	控制	2	5	11	19	27
Ⅲ	不控制	4	9	19	28	32

（续）

重复	处理	调查时间（月/日）	调查时间（月/日）	调查时间（月/日）	调查时间（月/日）	调查时间（月/日）
		7/2	7/3	8/5	8/1	8/15
		病叶率（%）	病叶率（%）	病叶率（%）	病叶率（%）	病叶率（%）
Ⅳ	控制	2	6	16	23	28
Ⅳ	不控制	4	9	18	26	30
Ⅴ	控制	2	8	17	24	28
Ⅴ	不控制	5	10	26	30	35
Ⅵ	控制	2	6	18	24	28
Ⅵ	不控制	6	11	26	30	34

调查项目		重复	晚疫病不控制区	晚疫病控制区
病虫危害损失	小区（$30m^2$）产量（kg）	重复 1	111	151
		重复 2	110	148
		重复 3	108	149
		重复 4	107	148
		重复 5	112	150
		重复 6	114	152
		平均	110.3	149.7
	折合 $667m^2$ 产量（kg）		2 451	3 327

2012 年马铃薯晚疫病小区试验调查（内蒙古呼伦贝尔阿荣旗）

填报单位：阿荣旗植保植检站　填报人员：孙平立　调查日期：2012 年 9 月 13 日
季作区类型：一季　耕作方式：垄作　品种：费乌瑞它
试验地点：阿荣旗良种场

晚疫病小区试验病害调查

重复	处理	调查项目	8 月 28 日	9 月 4 日	9 月 10 日	9 月 17 日
Ⅰ	控制	病斑面积（%）	13.54	18.69	32.83	51.45
Ⅰ	不控制	病斑面积（%）	52.1	72.30	81.29	94.02
Ⅱ	控制	病斑面积（%）	17.55	20.34	33.20	55.48
Ⅱ	不控制	病斑面积（%）	52.94	78.12	80.55	94.60
Ⅲ	控制	病斑面积（%）	16.81	19.25	33.13	52.82
Ⅲ	不控制	病斑面积（%）	50.43	77.69	79.97	94.04
Ⅳ	控制	病斑面积（%）	17.99	20.94	37.17	58.25
Ⅳ	不控制	病斑面积（%）	54.71	84.16	86.28	95.09
Ⅴ	控制	病斑面积（%）	18.52	21.67	32.99	57.44
Ⅴ	不控制	病斑面积（%）	48.21	81.65	83.35	94.32
Ⅵ	控制	病斑面积（%）	19.48	22.28	34.05	61.74
Ⅵ	不控制	病斑面积（%）	53.99	85.74	86.57	95.33

		晚疫病不控制区	晚疫病控制区
小区（30m²）产量（kg）	重复 1	54.4	61.5
	重复 2	53.9	65
	重复 3	52.9	62.3
	重复 4	53.5	63.05
	重复 5	56.9	65.35
	重复 6	53.1	63.45
	平均	54.1	63.45
折合 667m² 产量（kg）		1 200.8	1 409.9

2012年马铃薯晚疫病大田评估试验调查田块分布
（内蒙古呼伦贝尔阿荣旗）

田块	种植品种	8月2日	8月8日	8月17日	8月21日	8月28日
		病斑面积（%）	病斑面积（%）	病斑面积（%）	病斑面积（%）	病斑面积（%）
第一块田（复兴镇靠山村）	费乌瑞它	88	95.92	95.92	99.21	100
第二块田（复兴镇地房子村）	费乌瑞它	61.1	78.54	78.54	96.4	97.24
第三块田（查巴奇猎民村）	克新一号	0	0.05	4.39	24.83	24.83
第四块田（阿荣旗良种场）	克新一号	0	0.001	0.269	9.88	55.35
第五块田（新发乡大有庄村）	克新一号	0	0	0	0.59	17.07

2012年马铃薯晚疫病大田评估试验调查
（内蒙古呼伦贝尔阿荣旗）

填报单位：阿荣旗植保植检站　填报人员：孙平立　调查日期：2012年9月15日

季作区类型：一季　耕作方式：垄作　品种：费乌瑞它

试验地点：复兴镇靠山村

调查项目		晚疫病不控制区		晚疫病控制区	
		株数	每 $2m^2$ 产量（kg）	株数	每 $2m^2$ 产量（kg）
选三点	重复1	12	1.3	12	3.1
	重复2	12	1.2	12	3
	重复3	12	1.1	12	2.6
	平均值	12	1.2	12	2.9
病虫危害损失	每 $667m^2$ 产量（kg）	400		966.6	
	产量损失率（%）	58.6			
	挽回损失（kg）			566.61	
	每 $667m^2$ 挽回经济损失（元）			260.64	

注：按市场价0.46元/kg计算挽回经济损失。

2012 年马铃薯晚疫病大田评估试验调查（内蒙古呼伦贝尔阿荣旗）

填报单位：阿荣旗植保植检站　填报人员：孙平立　调查日期：2012 年 9 月 15 日
季作区类型：一季　耕作方式：垄作　品种：费乌瑞它
试验地点：复兴镇地房子村

调查项目		晚疫病不控制区		晚疫病控制区	
		株数	每 $2m^2$ 产量（kg）	株数	每 $2m^2$ 产量（kg）
选三点	重复 1	12	2.6	12	3.8
	重复 2	14	2.7	12	4.2
	重复 3	12	2.2	12	4
	平均值	12	2.5	12	4
病虫危害损失	每 $667m^2$ 产量（kg）	833.3		1 333.2	
	产量损失率（%）	37.5			
	挽回损失（kg）			499.95	
	每 $667m^2$ 挽回经济损失（元）			229.98	

注：按市场价 0.46 元/kg 计算挽回经济损失。

2012 年马铃薯晚疫病大田评估试验调查（内蒙古呼伦贝尔阿荣旗）

填报单位：阿荣旗植保植检站　填报人员：孙平立　调查日期：2012 年 9 月 14 日
季作区类型：一季　耕作方式：垄作　品种：克新一号
试验地点：查巴奇猎民村

调查项目		晚疫病不控制区		晚疫病控制区	
		株数	每 $2m^2$ 产量（kg）	株数	每 $2m^2$ 产量（kg）
选三点	重复 1	12	2.9	12	3.9
	重复 2	12	3.1	12	4
	重复 3	12	3.2	12	4.2
	平均值	12	3.1	12	4
病虫危害损失	每 $667m^2$ 产量（kg）	1 022.1		1 344.3	
	产量损失率（%）	24			
	挽回损失（kg）			322.19	
	每 $667m^2$ 挽回经济损失（元）			148.2	

注：按市场价 0.46 元/kg 计算挽回经济损失。

2012 年马铃薯晚疫病大田评估试验调查（阿荣旗良种场）

填报单位：阿荣旗植保植检站　填报人员：孙平立　调查日期：2012 年 9 月 14 日
季作区类型：一季　耕作方式：垄作　品种：克新一号
试验地点：阿荣旗良种场

调查项目		晚疫病不控制区		晚疫病控制区	
		株数	每 $2m^2$ 产量（kg）	株数	每 $2m^2$ 产量（kg）
选三点	重复 1	12	4	12	4.8
	重复 2	12	3.8	12	5
	重复 3	12	4.2	12	4.8
	平均值	12	4	12	4.9
病虫危害损失	每 $667m^2$ 产量（kg）	1 333.2		1 622.1	
	产量损失率（%）	17.8			
	挽回损失（kg）			288.86	
	每 $667m^2$ 挽回经济损失（元）			132.88	

注：按市场价 0.46 元/kg 计算挽回经济损失。

2012 年马铃薯晚疫病大田评估试验调查（新发乡大有庄村）

填报单位：阿荣旗植保植检站　填报人员：孙平立　调查日期：2012 年 9 月 16 日
季作区类型：一季　耕作方式：垄作　品种：克新一号
试验地点：新发乡大有庄村

调查项目		晚疫病不控制区		晚疫病控制区	
		株数	每 $2m^2$ 产量（kg）	株数	每 $2m^2$ 产量（kg）
选三点	重复 1	12	3.5	12	4.4
	重复 2	12	3.8	12	4.1
	重复 3	12	4	12	4
	平均值	12	3.8	12	4.2

（续）

调查项目		晚疫病不控制区		晚疫病控制区	
		株数	每 $2m^2$ 产量（kg）	株数	每 $2m^2$ 产量（kg）
病虫危害损失	每 $667m^2$ 产量（kg）	1 255.4		1 388.8	
	产量损失率（%）	9.6			
	挽回损失（kg）			133.32	
	每 $667m^2$ 挽回经济损失（元）			61.33	

注：按市场价 0.46 元/kg 计算挽回经济损失。

第二节　马铃薯早疫病发生程度及危害损失评估报告

马铃薯早疫病是茄链格孢引起的真菌性病害，在土壤肥力差、田间管理粗放的地块和区域发病严重，给马铃薯生产带来严重威胁，该病发生流行时可造成减产 20%以上。近年来此病害在我国马铃薯不同主产区成为继马铃薯晚疫病之后最严重的病害。但有关马铃薯早疫病在我国发生程度及引起的马铃薯产量损失未见系统的试验评估数据。因此，为了摸清我国不同生态区马铃薯早疫病对马铃薯产量所造成的损失，本研究选择了我国北方产区、南方产区和中原二作区进行了马铃薯早疫病的危害损失评估研究，以期更准确地了解我国不同马铃薯主产区早疫病的发生与产量损失之间的关系，为更精确地评估马铃薯早疫病对我国马铃薯生产的危害程度提供科学证据。

一、材料与方法

（一）试验点选择

在我国北方产区、南方产区和中原二作区马铃薯生态区各选

择3个县，开展早疫病对马铃薯产量的影响研究。南方产区试验点为重庆市石柱县、奉节县和黔江区；北方产区试验点为内蒙古自治区呼伦贝尔市阿荣旗、牙克石和赤峰市克什克腾旗；中原二作区试验点为山东省滕州市，河北省藁城市和围场县。

（二）试验材料

选用当地主栽品种。

（三）试验方法

1. 小区试验评估

选择当地主要耕作制度、栽培方式、当地主栽品种，在病虫自然发生条件下，采用药剂防治等多种手段控制非试验对象的所有病、虫、草、鼠害，分别测定早疫病发生程度及对马铃薯造成的产量损失程度。选点时尽可能选择仅有早疫病发生，且发生严重程度能代表该生态区的县。

（1）试验处理

①控制早疫病及所有其他病虫不发生；

②控制除早疫病以外的所有病虫，仅使早疫病发生。

（2）田间设计　小区面积30m²，根据地力均匀程度设置4～6次重复，随机区组排列。小区排列见图3-3。

早疫病控制区	早疫病不控制区	早疫病控制区	早疫病不控制区
早疫病不控制区	早疫病控制区	早疫病不控制区	早疫病控制区

图3-3　小区试验分布

（3）植株调查方法

①病情指数法：在发生末期（盛发期稍后）分别调查不控制区及控制区的发生程度。方法采用每小区对角线5点取样，每点5株，查全部叶片，底部发黄坏死叶片不调查，早疫病调查的分级标准如下。

0级：无病斑；

1级：病斑面积占整个叶面积5%以下；

3级：病斑面积占整个叶面积6%～10%；

5级：病斑面积占整个叶面积11%～20%；

7级：病斑面积占整个叶面积21%～50%；

9级：病斑面积占整个叶面积50%以上。

病情指数计算方法：

$$病情指数=\frac{\sum(各级病叶数\times 相应病情级数)}{调查总叶数\times 9}\times 100$$

②病害发展曲线下面积法（AUDPC）：从出苗开始到收获定期观察田间发病情况，分别目测记载控制区及不控制区每小区的发生程度（按病斑占总叶片面积的比例，用%计算），当田间病情严重度在5%以上时，开始记录。根据流行快慢，调查频率为2～7d 1次。AUDPC可按下列公式计算：

$$AUDPC=\frac{\sum(X_i\times X_{i+1})}{2}\times(T_{i+1}-T_i)$$

其中，X_i、X_{i+1}分别为第一、二次观察的病情严重度，$T_{i+1}-T_i$为两次观察的间隔天数。

所有的病情调查由同一人进行。

（4）按照收获面积计算每667m^{2}产量，计算公式如下：

$$测产面积=种植行距\times 收获长度$$

$$每667m^2产量=\frac{收获产量}{测产面积}$$

$$损失率=\frac{控制区产量-不控制区产量}{控制区产量}\times 100\%$$

$$挽回产量损失=控制区产量-不控制区产量$$

2. 大田试验评估

（1）大田调查方法　选择常年早疫病严重发生的县，在早疫病发生末期（盛发期稍后）进行发生程度的调查（方法同小区试

验评估）。每个县调查5块田，要求5块田（0.33～0.67hm^2）能代表该地区的发生程度，同时选择同田健株或同类田块（同样栽培方式、品种）作为无病害对照田，并对调查确定的代表不同发生程度的5块田、不发生区对照田做标记，收获时按照收获面积计算每667m^2产量。

（2）大田评估植株调查方法同小区试验评估。

（3）按照收获面积计算每667m^2产量，计算公式如下：

$$测产面积=种植行距\times收获长度$$

$$每667m^2产量=\frac{收获产量}{测产面积}$$

$$损失率=\frac{控制区产量-不控制区产量}{控制区产量}\times100\%$$

$$挽回产量损失=控制区产量-不控制区产量$$

二、结果与分析

（一）南方产区马铃薯早疫病危害损失评估

马铃薯早疫病在重庆地区普遍发生，但产量损失较少。石柱地区马铃薯早疫病盛发期稍后的病情指数约为13.6，产量损失率约为14.1%，每667m^2可挽回产量损失281.7kg；黔江地区马铃薯早疫病盛发期稍后的病情指数约为13.8，产量损失率约为14.9%，每667m^2可挽回产量损失123.4kg；奉节地区马铃薯早疫病盛发期稍后的病情指数约为6.7，产量损失率约为11%，每667m^2可挽回损失79.4kg（图3-4）。

（二）中原二作区马铃薯早疫病的危害损失评估

由表3-1和表3-2可以看出，中原二作区马铃薯早疫病发生很严重，病情指数达到32以上，损失率在31%左右，每667m^2减产900kg左右，损失较大。

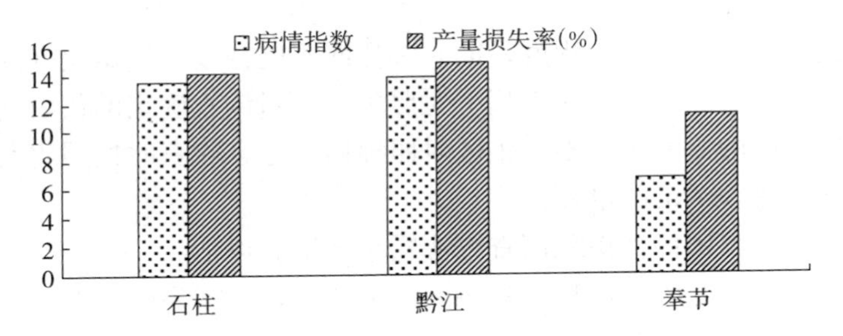

图 3-4 重庆石柱、黔江和奉节马铃薯早疫病发生和产量损失情况

注：石柱县调查品种为费乌瑞它，黔江区调查品种为棉红白，奉节县调查品种为马尔科。

表 3-1 2011 年度马铃薯早疫病发生程度及损失

调查项目	处理	
	早疫病不控制区	早疫病控制区
病情指数	32.67	0.46
每 667m² 产量（kg）	2 040.7	3 021.1
产量损失率（%）	32.5	
每 667m² 挽回产量损失（kg）	980.4	
每 667m² 挽回经济损失（元）	784.3	

注：马铃薯按 0.8 元/kg 批发价计算。

表 3-2 2012 年度马铃薯早疫病发生程度及损失

调查项目	处理	
	早疫病不控制区	早疫病控制区
病情指数	37.64	0.39
每 667m² 产量（kg）	1 903.7	2 770.8
产量损失率（%）	31.3	
每 667m² 挽回产量损失（kg）	867.1	
每 667m² 挽回经济损失（元）	607	

注：马铃薯按 0.7 元/kg 批发价计算。

（三）北方产区马铃薯早疫病的危害损失评估

经过小区试验，分析得出AUDPC值与产量呈负相关，但相关度很低。

从表3-3、图3-5可见，北方产区早疫病造成的产量损失率为13%～22%，每667m^{2}挽回产量损失200～800kg，早疫病的发生受栽培条件影响较大。

表3-3　马铃薯早疫病小区试验发生程度及产量损失

试验地点	年份	处理	AUDPC值（%·d）	产量（kg）	产量损失率（%）	挽回产量损失（kg）
牙克石	2011	不控制区	176.08	2 673.5	13.90	431.1
		控制区	158	3 104.6		
克什克腾旗	2011	不控制区	783.85	1 616.2	13.80	258
		控制区	114.84	1 874.2		
阿荣旗	2012	不控制区	392.49	1 002.3	16.00	191
		控制区	60.52	1 193.2		
牙克石	2012	不控制区	221.67	2 701.35	13.80	403.65
		控制区	185.42	3 105		
克什克腾旗	2012	不控制区	518.39	2 966.9	21.47	811.1
		控制区	320.48	3 778		

经大田调查评估，北方产区早疫病造成的产量损失率为6%～15%（表3-4），受品种、栽培条件影响。

表3-4　马铃薯早疫病大田评估发生程度及产量损失

地点	年份	品种	AUDPC值（%·d）	产量损失（kg）	产量损失率
阿荣旗新发乡	2011	克新一号	574.2	138	6.50%
	2012		458.56	137	11.40%

（续）

地点	年份	品种	AUDPC 值（%·d）	产量损失（kg）	产量损失率
阿荣旗复光镇	2011	费乌瑞它	986	90.33	8.90%
	2012		920.08	222.2	12.85%
克什克腾旗大兴永村	2011	冀张薯 8 号	850.5	237.6	12.50%
	2012		1 612	361.38	14.80%

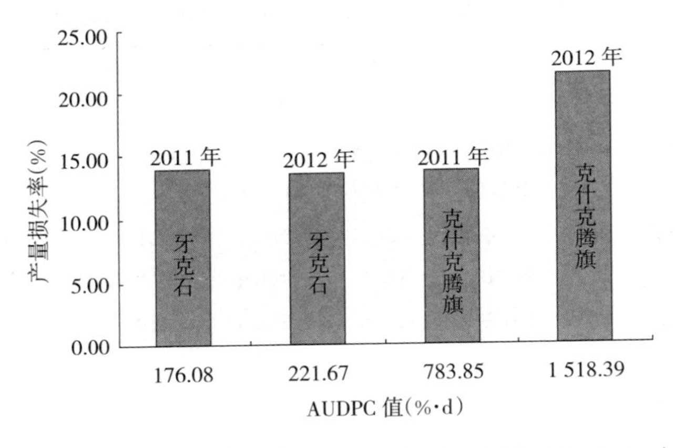

图 3-5　2011—2012 年北方产区马铃薯早疫病小区试验损失程度分析

注：呼伦贝尔市牙克石以费乌瑞它为试验品种，赤峰市克什克腾旗以冀张薯 8 号为试验品种。

三、讨论与结论

在被调查的我国南方产区、中原二作区和北方产区，马铃薯早疫病的危害程度和造成的产量损失有很大不同，而早疫病造成的产量损失和挽回的经济损失也随着发生严重程度和防控效果的不同而变化。在被调查的地点和年份，早疫病发生最严重的区域为中原二作区，其防控挽回的经济损失最多，2011 年马铃薯早

疫病不控制区的病情指数平均为 32.67，而控制区的平均病情指数 0.46，早疫病不控制区产量损失率为 32.5%，每 667m^2 可挽回产量损失 980.4kg；2012 年马铃薯早疫病不控制区的病情指数平均为 37.64，而控制区的平均病情指数 0.39，早疫病不控制区产量损失率为 31.3%，每 667m^2 可挽回产量损失 861.7kg。南方产区 2011 年马铃薯早疫病不控制区的病情指数平均为 13.6，而不控制区的平均病情指数 0.36，早疫病不控制区产量损失率为 14.1%，每 667m^2 可挽回产量损失 281.7kg。北方产区 2011 年早疫病平均发病程度 AUDPC 值为 803.6（%·d），2012 年早疫病平均发病程度 AUDPC 值为 996.9（%·d），2011 年、2012 年其挽回的产量损失每 667m^2 分别为 155.3kg 和 240.2kg。

从我国 3 个马铃薯主产区对马铃薯早疫病 2011—2012 年的调查来看，早疫病发生程度为中等偏下，这可能主要由于早疫病的发生与土壤的肥力条件有关，一般土壤肥力差，后期缺水早疫病发病严重，而本项目所选定的小区试验田土壤肥力和管理水平较一般农户好，因此早疫病的发生总体较当地农户管理的地块发病轻。

（撰稿人：杨志辉[1]　朱杰华[1]　张若芳[2]　孙清华[2]　单卫星[3]　权军利[3]//1. 河北农业大学　保定，71000；2. 内蒙古大学内蒙古马铃薯工程技术研究中心　呼和浩特，010021；3. 西北农林科技大学植物保护学院　杨凌，712100）

【附：原始调查表】

西南地区：

2011 年马铃薯早疫病小区试验调查（重庆市石柱县）

填报单位：西南大学植保学院　填报人员：马洪管　调查日期：2011 年 6 月
季作区类型：单季作　耕作方式：起垄栽培　品种：费乌瑞它
试验/生产田块地点：悦来镇东木村

处理	重复	盛发期各级病叶调查结果						病情指数
		总叶数	1 级 5%以下	3 级 6%～10%	5 级 11%～20%	7 级 21%～50%	9 级 50%以上	
早疫病不控制区	1	1 655	58	134	203	68	12	13.8
	2	1 787	88	145	165	43	8	10.7
	3	1 535	56	212	168	56	3	14.1
	4	1 022	78	115	64	16		9.3
	5	607	55	156	52	26	16	20.3
	平均	1 322	67	153	131	42	8	13.6
早疫病控制区	1	1 732	15	5	3			0.29
	2	1 688	13	3	1			0.18
	3	1 621	12	3				0.14
	4	1 102	8	5				0.23
	5	735	22	5	5			0.94
	平均	1 376	14	5	2			0.36

调查项目		重复	早疫病不控制区	早疫病控制区
病虫危害损失	小区产量（kg）	重复 1	5.5	6.39
		重复 2	5.66	5.8
		重复 3	5.14	6.23
		重复 4	5.05	6.02
		重复 5	5.36	6.02
		平均	5.34	6.1
	折合每 667m^{2}产量（kg）		1 978.8	2 260.5

调查项目	早疫病不控制区	早疫病控制区
每 667m^{2}产量（kg）	1 978.8	2 260.5
产量损失率（%）	14.2	
挽回损失（kg）		281.7
每 667m^{2}挽回经济损失（元）		112.7

2011 年马铃薯早疫病小区试验调查（重庆市黔江区）

填报单位：西南大学植保学院　填报人员：马洪管　调查日期：2011 年 7 月
季作区类型：单季作　耕作方式：低垄，与玉米套作　品种：棉红白
试验/生产田块地点：黄溪镇黄桥村

处理	重复	盛发期各级病叶调查结果						病情指数
		总叶数	1 级 5%以下	3 级 6%～10%	5 级 11%～20%	7 级 21%～50%	9 级 50%以上	
早疫病不控制区	1	778		88	43	22	8	10.1
	2	999		162	105	18	12	13.8
	3	582		91	77	13	15	16.9
	4	478		102	71	12	13	20.0
	5	1 585	45	63	56	46	37	8.2
	平均	885	9	102	71	23	17	13.8

（续）

处理	重复	盛发期各级病叶调查结果						病情指数
		总叶数	1级 5%以下	3级 6%～10%	5级 11%～20%	7级 21%～50%	9级 50%以上	
早疫病控制区	1	856	25	22	4			1.44
	2	1 123	16	15	6			0.90
	3	562	21	8				0.89
	4	536	16	12				1.08
	5	1 328	42	26	5			1.21
	平均	881	24	17	3			1.10

调查项目		重复	早疫病不控制区	早疫病控制区
病虫危害损失	小区产量（kg）	重复1	2.06	2.38
		重复2	2.25	2.43
		重复3	2.075	2.66
		重复4	3.35	3.64
		重复5	2.78	3.26
		平均	2.5	2.87
	折合每667m²产量（kg）		833.3	956.7

调查项目	早疫病不控制区	早疫病控制区
每667m²产量（kg）	833.3	956.7
产量损失率（%）	14.8	
挽回损失（kg）		123.4
每667m²挽回经济损失（元）		49.36

2011年马铃薯早疫病小区试验调查（重庆市奉节区）

填报单位：西南大学植保学院　填报人员：马洪管　调查日期：2011年7月
季作区类型：单季作　耕作方式：起垄，与玉米套作　品种：马尔科
试验/生产田块地点：太和乡石盘村

处理	重复	盛发期各级病叶调查结果						病情指数
		总叶数	1级 5%以下	3级 6%～10%	5级 11%～20%	7级 21%～50%	9级 50%以上	
早疫病不控制区	1	1 947	9	75	57	33	18	5.2
	2	785	0	100	38	3	0	7.2
	3	2 088	12	75	74	36	30	6.0
	4	858	0	65	63	23	5	9.3
	5	1 680	0	72	60	48	0	5.6
	平均	1 472	5	78	59	29	11	6.7
早疫病控制区	1	2 021	2	17	10	0	0	0.57
	2	792	3	12	9	0	0	0.72
	3	1 989	3	15	6	0	0	0.44
	4	899	2	8	5	0	0	0.63
	5	1 678	4	15	5	0	0	0.49
	平均	1 476	3	14	5.8	0	0	0.57

调查项目		重复	早疫病不控制区	早疫病控制区
病虫危害损失	小区产量（kg）	重复1	3.11	3.73
		重复2	6.13	6.28
		重复3	2.52	2.83
		重复4	3.83	4.31
		重复5	3.69	4.28
		平均	3.86	4.29
	折合每667m²产量（kg）		715.2	794.8

调查项目	早疫病不控制区	早疫病控制区
每 $667m^2$ 产量（kg）	715.2	794.8
产量损失率（%）	10	
挽回损失（kg）		79.4
每 $667m^2$ 挽回经济损失（元）		31.84

中原二作区：

2012 年马铃薯早疫病小区试验调查（河北省藁城市）

填报单位：河北农业大学　填报人员：杨志辉　调查日期：2011 年 6 月 25 日
季作区类型：中原二作　耕作方式：地膜覆盖　品种：荷兰 15
试验田块地点：东里村

处理	重复	盛发期各级病叶调查结果						病情指数
		总叶数	1 级 5%以下	3 级 6%～10%	5 级 11%～20%	7 级 21%～50%	9 级 50%以上	
早疫病不控制区	1	746	79	85	98	125	48	31.74
	2	740	88	99	105	134	41	33.29
	3	747	89	89	113	129	38	32.22
	4	735	98	98	119	125	39	33.45
	平均	742	89	93	109	128	42	32.67
早疫病控制区	1	733	14	7	0	0	0	0.53
	2	741	12	6	0	0	0	0.45
	3	748	9	6	0	0	0	0.40
	4	752	16	5	0	0	0	0.46
	平均	744	13	6	0	0	0	0.46

调查项目			早疫病不控制区	早疫病控制区
病虫危害损失	小区产量（kg）	重复 1	91.3	130.3
		重复 2	89.3	139.5
		重复 3	92.9	138.8
		重复 4	93.8	135.3
		平均	91.8	135.9
	折合每 667m² 产量（kg）		2 040.7	3 021.1

调查项目	早疫病不控制区	早疫病控制区
病虫发生程度	32.67	0.46
每 667m² 产量（kg）	2 040.7	3 021.1
产量损失率（%）	32.5	
挽回产量损失（kg）		980.4
每 667m² 挽回经济损失（元）		784.3

注：马铃薯按 0.8 元/kg 批发价计算。

北方产区：

2011 年马铃薯早疫病小区试验调查（内蒙古呼伦贝尔牙克石）

填报单位：牙克石市植保站　填报人员：杨林森　调查日期：2011 年 9 月 14
季作区类型：一季　耕作方式：垄作　品种：费乌瑞它　试验地点：海满村

小区评估田间药剂施用（早疫病）

	喷药时间（月/日）	喷药时间（月/日）	喷药时间（月/日）
	7/15	7/20	7/25
处理	药剂名称及剂量		
控制	每 667m² 代森锰锌 100mL	每 667m² 代森锰锌 100mL	每 667m² 代森锰锌 100mL
不控制	清水	清水	清水

小区评估田间发病调查（早疫病）

重复	处理	调查时间（月/日）	调查时间（月/日）	调查时间（月/日）	调查时间（月/日）	调查时间（月/日）
		7/15	7/20	7/25	8/2	8/10
		病叶率（%）	病叶率（%）	病叶率（%）	病叶率（%）	病叶率（%）
Ⅰ	控制	2	4	7	8	8
Ⅰ	不控制	3	5	8	10	10
Ⅱ	控制	3	4	6	7	7
Ⅱ	不控制	3	5	6	8	8
Ⅲ	控制	2	4	7	8	8
Ⅲ	不控制	3	5	7	9	9
Ⅳ	控制	2	4	6	8	8
Ⅳ	不控制	3	5	7	9	9
Ⅴ	控制	3	4	7	8	8
Ⅴ	不控制	3	5	7	9	9
Ⅵ	控制	2	4	6	7	7
Ⅵ	不控制	3	5	7	8	8

调查项目		重复	早疫病不控制区	早疫病控制区
病虫危害损失	小区产量（kg）	重复 1	121	141
		重复 2	120	138
		重复 3	118	139
		重复 4	117	138
		重复 5	122	140
		重复 6	124	142
		平均	120.3	139.7
	折合每 667m² 产量（kg）		2 674	3 105

2011年马铃薯早疫病小区试验调查（内蒙古赤峰市）

填报单位：克旗植保站　填报人员：于凤玲　调查日期：2011年10月8日

季作区类型：春播一季　耕作方式：机械化高垄　品种：2191

试验地点：万合永镇中心村

重复	处理	喷药时间（月/日）	喷药时间（月/日）	喷药时间（月/日）	喷药时间（月/日）	喷药时间（月/日）
		7/11	7/17	7/22	7/28	8/3
		药剂名称及剂量				
Ⅰ-Ⅵ	控制	代森锰锌150g	阿米妙收100g	甲霜·锰锌150g、啶虫脒15g	世高100g、高效氯氰菊酯50mL	甲霜·锰锌150g
Ⅰ-Ⅵ	不控制			啶虫脒15g	高效氯氰菊酯50mL	

小区评估田间发病调查

重复	处理	调查时间（月/日）	调查时间（月/日）	调查时间（月/日）	调查时间（月/日）	调查时间（月/日）	调查时间（月/日）	调查时间（月/日）	调查时间（月/日）
		7/22	7/28	8/3	8/10	8/20	8/28	9/4	9/11
		病叶率（%）	病叶率（%）	病叶率（%）	病叶率（%）	病叶率（%）	病叶率（%）	病叶率（%）	病叶率（%）
Ⅰ	控制	0.91	1.74	2.12	6.66	8.25	29	72.1	81
Ⅰ	不控制	1.2	2.12	7	14	34	47.6	81.2	90
Ⅱ	控制	0.36	1.04	1.11	3.75	8.75	18.9	71.8	82.7
Ⅱ	不控制	1.44	2.61	6	10.87	29	46.9	89.7	94.6
Ⅲ	控制	0.84	1.63	1.66	4.57	10.2	30.1	74.2	88.9
Ⅲ	不控制	1.86	3.55	6.4	14.85	31	49	82.4	92.8
Ⅳ	控制	0.14	1.12	1.92	3.55	9.25	22.8	72.9	82
Ⅳ	不控制	0.9	2.2	8	15.96	35	50.4	83.4	91.2
Ⅴ	控制	0.66	1.42	2.24	4.1	9.75	23.1	74.2	83.4
Ⅴ	不控制	3.5	5.9	10.25	17.36	36	49.7	86.7	94.9
Ⅵ	控制	0.88	1.71	3.21	6.44	12.8	28	69.5	86.5
Ⅵ	不控制	2.2	4.3	7.69	14.4	32.4	51.8	86.5	92.6

调查项目		重复	早疫病不控制区	早疫病控制区
病虫危害损失	小区产量（kg）	重复 1	76.5	85.25
		重复 2	79.25	87.75
		重复 3	71.25	84.15
		重复 4	62.1	79.35
		重复 5	77.55	87.2
		重复 6	69.7	82.3
		平均	72.725	84.335
	折合每 667m² 产量（kg）		1 616.2	1 874.2

2011 年马铃薯早疫病大田评估调查（内蒙古呼伦贝尔牙克石）

填报单位：牙克石市植保站　填报人员：杨林森　调查日期：2011 年 9 月 14 日
季作区类型：一季　耕作方式：垄作　品种：费乌瑞它　试验地点：海满村

大田评估田间发病调查

田块	重复	位置	调查时间（月/日）7/18 病叶率（%）	调查时间（月/日）7/24 病叶率（%）	调查时间（月/日）8/1 病叶率（%）	调查时间（月/日）8/8 病叶率（%）	调查时间（月/日）8/16 病叶率（%）
第一块田	Ⅰ	东	2	5	7	9	9
	Ⅱ	中	2	6	7	8	8
	Ⅲ	西	3	6	7	8	8
第二块田	Ⅰ	东	3	5	6	8	8
	Ⅱ	中	2	5	7	9	9
	Ⅲ	西	3	6	7	9	9
第三块田	Ⅰ	东	2	7	10	12	12
	Ⅱ	中	2	6	8	9	9
	Ⅲ	西	2	6	8	10	10

调查项目		早疫病不控制区		早疫病控制区	
		株数	产量（kg）	株数	产量（kg）
选三点	重复 1	12	14	12	14.5
	重复 2	12	14.2	12	14.4
	重复 3	11	14.2	10	14.6
	平均值	11.7	14.1	11.3	14.5
病虫危害损失	每 667m² 产量（kg）		4 177		4 296
	产量损失率（%）	0.3			
	挽回损失（kg）			119	
	每 667m² 挽回经济损失（元）			119	

2011 年马铃薯早疫病大田评估调查（内蒙古赤峰市）

填报单位：克旗植保站　填报人员：于凤玲　调查日期：2011 年 10 月 8 日

季作区类型：春播一季　耕作方式：机械化高垄　品种：冀张薯 8 号

试验地点：万合永镇中心村

田块	重复	位置	调查时间（月/日）7/24 病叶率（%）	调查时间（月/日）8/1 病叶率（%）	调查时间（月/日）8/8 病叶率（%）	调查时间（月/日）8/15 病叶率（%）	调查时间（月/日）8/22 病叶率（%）
第一块田	Ⅰ	东	8.56	19.38	36	56	64
	Ⅱ	中	8.66	18.2	36	60	65
	Ⅲ	西	8.2	18.7	35.2	54	64
第二块田	Ⅰ	东	2.8	17.1	22.8	42	63
	Ⅱ	中	3.14	16.3	25	42.5	68
	Ⅲ	西	2.92	15.9	23	43	65
第三块田	Ⅰ	东	7.2	15	33	60	73
	Ⅱ	中	7.98	18.24	36.8	64	74
	Ⅲ	西	7.3	16	32.1	55	68

（续）

田块	重复	位置	调查时间（月/日）7/24 病叶率（%）	调查时间（月/日）8/1 病叶率（%）	调查时间（月/日）8/8 病叶率（%）	调查时间（月/日）8/15 病叶率（%）	调查时间（月/日）8/22 病叶率（%）
第四块田	Ⅰ	东	8.8	19.6	39.2	58	70
	Ⅱ	中	8.9	19.6	42	62	72
	Ⅲ	西	8.44	19.3	38.5	56	74
第五块田	Ⅰ	东	6.84	17.7	34.3	44	58
	Ⅱ	中	4.36	17.5	38	45	60
	Ⅲ	西	3.58	15.9	33.6	43	56

注：每块田不小于 0.33hm²，发病病叶率达 5%，7d 调查一次，调查 3 次以上。

2011 年马铃薯早疫病大田评估收获调查（内蒙古赤峰市）

填报单位：克旗植保站　填报人员：于凤玲　调查日期：2011 年 9 月 24 日

季作区类型：春播一季　耕作方式：机械化高垄　品种：2191

试验地点：新开地乡广华村

调查项目		早疫病不控制区		早疫病控制区	
		株数	产量（kg）	株数	产量（kg）
选三点	重复 1	12	8.2	13	9.7
	重复 2	13	7.9	11	9.4
	重复 3	11	7.7	14	10.3
	平均值	12	7.93	12.7	9.8
病虫危害损失	每 667m² 产量（kg）	1 958.12		2 419.87	
	产量损失率（%）	19.1			
	挽回损失（kg）			461.75	
	每 667m² 挽回经济损失（元）			277	

2011 年马铃薯早疫病大田评估收获调查（内蒙古赤峰市）

填报单位：克旗植保站　填报人员：于凤玲　调查日期：2011 年 9 月 24 日
季作区类型：春播一季　耕作方式：机械化高垄　品种：冀张薯 8 号
试验地点：新开地乡双山子

调查项目		早疫病不控制区		早疫病控制区	
		株数	产量（kg）	株数	产量（kg）
选三点	重复 1	10	7.2	11	8.3
	重复 2	9	7.5	8	7.8
	重复 3	11	6.8	11	7.6
	平均值	10	7.17	10	7.9
病虫危害损失	每 $667m^2$ 产量（kg）	1 770.5		1 950.7	
	产量损失率（%）	9.2			
	挽回损失（kg）			180.2	
	每 $667m^2$ 挽回经济损失（元）			108	

2011 年马铃薯早疫病大田评估收获调查（内蒙古赤峰市）

填报单位：克旗植保站　填报人员：于凤玲　调查日期：2011 年 9 月 26 日
季作区类型：春播一季　耕作方式：机械化高垄　品种：冀张薯 8 号
试验地点：芝瑞镇大兴永村

调查项目		早疫病不控制区		早疫病控制区	
		株数	产量（kg）	株数	产量（kg）
选三点	重复 1	12	7.6	11	8.4
	重复 2	10	7.5	13	8.9
	重复 3	14	8	14	9.1
	平均值	12	7.7	12.7	8.8

（续）

调查项目		晚疫病不控制区		晚疫病控制区	
		株数	产量（kg）	株数	产量（kg）
病虫危害损失	每 $667m^2$ 产量（kg）	1 901.3		2 172.9	
	产量损失率（%）	12.5			
	挽回损失（kg）			271.6	
	每 $667m^2$ 挽回经济损失（元）			163	

2011年马铃薯早疫病大田评估收获调查（内蒙古赤峰市）

填报单位：克旗植保站　填报人员：于凤玲　调查日期：2011年9月26日
季作区类型：春播一季　耕作方式：机械化高垄　品种：冀张薯8号
试验地点：芝瑞镇富盛永村

调查项目		早疫病不控制区		早疫病控制区	
		株数	产量（kg）	株数	产量（kg）
选三点	重复1	10	7.2	9	7.5
	重复2	10	6.4	10	7.6
	重复3	9	6.9	9	7.3
	平均值	9.7	6.8	9.3	7.5
病虫危害损失	每 $667m^2$ 产量（kg）	1 679		1 852	
	产量损失率（%）	9.3			
	挽回损失（kg）			173	
	每 $667m^2$ 挽回经济损失（元）			104	

2011 年马铃薯早疫病大田评估收获调查（内蒙古赤峰市）

填报单位：克旗植保站 填报人员：于凤玲 调查日期：9 月 24 日

季作区类型：春播一季 耕作方式：机械化高垄 品种：冀张薯 8 号

试验地点：宇宙地镇刘营子村

调查项目		早疫病不控制区		早疫病控制区	
		株数	产量（kg）	株数	产量（kg）
选三点	重复 1	12	6.4	11	7.4
	重复 2	11	6.3	13	7.2
	重复 3	11	6.2	10	6.4
	平均值	11.3	6.3	11.3	7
病虫危害损失	每 667m² 产量（kg）	1 555.6		1 728.5	
	产量损失率（%）	10			
	挽回损失（kg）			173	
	每 667m² 挽回经济损失（元）			104	

2011 年马铃薯早疫病小区试验调查（内蒙古呼伦贝尔阿荣旗）

填报单位：阿荣旗植保植检站 填报人员：孙平立 调查日期：9 月 14 日

季作区类型：一季 耕作方式：垄作 品种：费乌瑞它

试验地点：音河乡和平村二道沟

小区评估田间发病调查

重复	处理	调查时间（月/日）		调查时间（月/日）		调查时间（月/日）		调查时间（月/日）		调查时间（月/日）		调查时间（月/日）	
		7/16		7/26		8/6		8/16		8/26		9/2	
		病叶率（%）	病情指数	病叶率（%）	病情指数	病叶率（%）	病情指数	病叶率（%）	病情指数	病叶率（%）	病情指数	病叶率（%）	病情指数
Ⅰ	控制	0	0	0	0	0	0	5	1	10	2	12	2.4
Ⅰ	不控制	1	0.2	5	1	20	4	40	16	50	20	50	20

（续）

重复	处理	调查时间（月/日）		调查时间（月/日）		调查时间（月/日）		调查时间（月/日）		调查时间（月/日）		调查时间（月/日）	
		7/16		7/26		8/6		8/16		8/26		9/2	
		病叶率（%）	病情指数	病叶率（%）	病情指数	病叶率（%）	病情指数	病叶率（%）	病情指数	病叶率（%）	病情指数	病叶率（%）	病情指数
Ⅱ	控制	0	0	0	0	0	0	8	1.6	11	2.2	11	2.2
Ⅱ	不控制	2	0.4	8	1.6	23	4.6	44	17.6	63	37.8	63	37.8
Ⅲ	控制	0	0	0	0	0	0	5	1	10	2	11	2.2
Ⅲ	不控制	2	0.4	6	1.2	28	5.6	45	18	53	31.8	53	31.8
Ⅳ	控制	0	0	0	0	0	0	3	0.6	14	2.8	14	2.8
Ⅳ	不控制	1	0.2	7	1.4	31	6.2	41	16.4	51	30.6	51	30.6
Ⅴ	控制	0	0	0	0	0	0	2	0.4	8	1.6	10	2
Ⅴ	不控制	3	0.6	8	1.6	33	6.6	42	16.8	53	31.8	53	31.8
Ⅵ	控制	0	0	0	0	0	0	4	0.8	10	2	10	2
Ⅵ	不控制	3	0.6	6	1.2	40	8	50	20	55	33	55	33

调查项目		重复	早疫病不控制区	早疫病控制区
危害损失	小区产量（kg）	重复 1	50.5	65.2
		重复 2	64.6	58.9
		重复 3	53.2	56
		重复 4	67.5	67.8
		重复 5	53.2	75
		重复 6	68.8	58.8
		平均	59.6	63.6
	折合每 667m² 产量（kg）		1 325.1	1 414

2011 年马铃薯早疫病大田评估试验调查汇总
（内蒙古呼伦贝尔阿荣旗）

田块	重复	位置	调查时间（月/日）		调查时间（月/日）		调查时间（月/日）		调查时间（月/日）		调查时间（月/日）		调查时间（月/日）	
			7/16		7/26		8/6		8/16		8/26		9/2	
			病叶率（%）	病情指数	病叶率（%）	病情指数	病叶率（%）	病情指数	病叶率（%）	病情指数	病叶率（%）	病情指数	病叶率（%）	病情指数
新发乡	Ⅰ	东	0.2	0.04	1	0.2	10	2	15	3	21	4.2	22	4.4
	Ⅱ	中	0	0	3	0.6	15	3	18	3.6	20	4	20	4
	Ⅲ	西	0.2	0.04	1	0.2	11	2.2	19	3.8	22	4.4	25	5
复兴镇1	Ⅰ	东	0	0	5	1	18	3.6	21	4.2	30	10	35	11
	Ⅱ	中	1	0.2	3	0.6	19	3.8	30	9.8	41	12.4	45	13
	Ⅲ	西	3	0.6	8	1.6	21	4.2	33	10.6	35	11	40	12
复兴镇2	Ⅰ	东	3	0.6	10	2	20	4	45	13	60	26.5	70	31.5
	Ⅱ	中	4	0.8	8	1.6	19	3.8	38	11.6	50	17	65	27
	Ⅲ	西	5	1	11	2.2	18	3.6	40	13	48	13.6	55	23
音河乡1	Ⅰ	东	5	1	10	2	25	5	52	22.4	72	32.4	81	34.6
	Ⅱ	中	1	0.2	15	3	28	5.6	58	23.6	70	32	73	34
	Ⅲ	西	3	0.6	11	2.2	35	13	63	26.6	77	34.2	86	42.8
音河乡2	Ⅰ	东	5	1	10	2	30	10	55	23	80	38.5	89	45.2
	Ⅱ	中	3	0.6	15	3	25	5	60	26	75	28	75	29
	Ⅲ	西	5	1	18	3.6	36	12.4	61	26.2	83	39	83	40.8

2011 年马铃薯早疫病大田评估调查（内蒙古呼伦贝尔阿荣旗）

填报单位：阿荣旗植保植检站　填报人员：孙平立　调查日期：9 月 14 日
季作区类型：一季　耕作方式：大垄密植　品种：费乌瑞它
试验地点：新发乡大有庄村

调查项目		早疫病不控制区		早疫病控制区	
		株数	产量（kg）	株数	产量（kg）
选三点	重复 1	5	3.1	5	3.3
	重复 2	4	2.8	6	2.9
	重复 3	5	3.1	5	3
	平均值	4.7	3	5.3	3.1
病虫危害损失	每 667m² 产量（kg）	2 222.1		2 271.5	
	产量损失率（%）	2.2			
	挽回损失（kg）			49.4	
	每 667m² 挽回经济损失（元）			24.7	

2011 年马铃薯早疫病大田评估调查（内蒙古呼伦贝尔阿荣旗）

填报单位：阿荣旗植保植检站　填报人员：孙平立　调查日期：9 月 15 日
季作区类型：一季　耕作方式：垄作　品种：费乌瑞它
试验地点：复兴镇靠山村 1

调查项目		早疫病不控制区		早疫病控制区	
		株数	产量（kg）	株数	产量（kg）
选三点	重复 1	4	1.6	4	1.6
	重复 2	4	1.5	4	1.7
	重复 3	4	1.45	4	1.5
	平均值	4	1.5	4	1.6

（续）

调查项目		早疫病不控制区		早疫病控制区	
		株数	产量（kg）	株数	产量（kg）
病虫危害损失	每 667m² 产量（kg）	1 555.65		1 641.12	
	产量损失率（%）	5.2			
	挽回损失（kg）			85.48	
	每 667m² 挽回经济损失（元）			42.74	

2011 年马铃薯早疫病大田评估调查（内蒙古呼伦贝尔阿荣旗）

填报单位：阿荣旗植保植检站　填报人员：孙平立　调查日期：9 月 15 日
季作区类型：一季　耕作方式：垄作　品种：费乌瑞它
试验地点：复兴镇靠山村 2

调查项目		早疫病不控制区		早疫病控制区	
		株数	产量（kg）	株数	产量（kg）
选三点	重复 1	4	1.6	4	1.6
	重复 2	4	1.4	4	1.5
	重复 3	4	1.35	4	1.6
	平均值	4	1.4	4	1.6
病虫危害损失	每 667m² 产量（kg）	1 487.3		1 606.93	
	产量损失率（%）	7.4			
	挽回损失（kg）			119.7	
	每 667m² 挽回经济损失（元）			59.85	

2011年马铃薯早疫病大田评估调查（内蒙古呼伦贝尔阿荣旗）

填报单位：阿荣旗植保植检站　填报人员：孙平立　调查日期：9月14日

季作区类型：一季　耕作方式：垄作　品种：费乌瑞它

试验地点：音河乡和平村1

调查项目		早疫病不控制区		早疫病控制区	
		株数	产量（kg）	株数	产量（kg）
选三点	重复1	4	1.3	4	1.5
	重复2	5	1.4	5	1.4
	重复3	4	1.3	4	1.5
	平均值	4	1.3	4	1.5
病虫危害损失	每667m² 产量（kg）	1 367.6		1 504.4	
	产量损失率（%）	9			
	挽回损失（kg）			136.8	
	每667m² 挽回经济损失（元）			68.4	

2011年马铃薯早疫病大田评估调查（内蒙古呼伦贝尔阿荣旗）

填报单位：阿荣旗植保植检站　填报人员：孙平立　调查日期：9月14日

季作区类型：一季　耕作方式：垄作　品种：费乌瑞它

试验地点：音河乡和平村2

调查项目		早疫病不控制区		早疫病控制区	
		株数	产量（kg）	株数	产量（kg）
选三点	重复1	4	1.3	4	1.5
	重复2	4	1.3	4	1.4
	重复3	4	1.3	4	1.4
	平均值	4	1.3	4	1.4

（续）

调查项目		早疫病不控制区		早疫病控制区	
		株数	产量（kg）	株数	产量（kg）
病虫危害损失	每 $667m^2$ 产量（kg）	1 333.4		1 470.2	
	产量损失率（%）	9.3			
	挽回损失（kg）			136.8	
	每 $667m^2$ 挽回经济损失（元）			68.4	

2012 年马铃薯早疫病大田评估调查（内蒙古呼伦贝尔牙克石）

填报单位：牙克石市植保站　填报人员：杨林森　调查日期：2012 年 9 月 12 日
季作区类型：一季　耕作方式：垄作　品种：费乌瑞它　试验地点：海满村

重复	处理	调查时间（月/日）	调查时间（月/日）	调查时间（月/日）	调查时间（月/日）	调查时间（月/日）
		6/24	6/29	7/5	7/11	7/16
		病叶率（%）	病叶率（%）	病叶率（%）	病叶率（%）	病叶率（%）
Ⅰ	控制	1	2	4	7	8
Ⅰ	不控制	2	3	5	8	10
Ⅱ	控制	1	3	4	6	7
Ⅱ	不控制	2	3	5	6	8
Ⅲ	控制	1	2	4	7	8
Ⅲ	不控制	2	3	5	7	9
Ⅳ	控制	1	2	4	6	8
Ⅳ	不控制	2	3	5	7	9
Ⅴ	控制	2	3	4	7	8
Ⅴ	不控制	2	3	5	7	9
Ⅵ	控制	1	2	4	6	7
Ⅵ	不控制	2	3	5	7	8

调查项目		重复	早疫病不控制区	早疫病控制区
病虫危害损失	小区产量（kg）	重复 1	121	141
		重复 2	120	138
		重复 3	118	139
		重复 4	117	138
		重复 5	122	140
		重复 6	124	142
		平均	120.3	139.7
	折合每 667m² 产量（kg）		2 674	3 105

2012 年马铃薯早疫病大田评估调查（内蒙古赤峰市克什克腾旗）

填报单位：克旗植保站　填报人员：于凤玲　调查日期：2012 年 9 月 24 日

季作区类型：春播一季　耕作方式：机械化高垄　品种：冀张薯 8 号

试验地点：新开地乡兴隆庄村

重复	处理	喷药时间（月/日）	喷药时间（月/日）	喷药时间（月/日）	喷药时间（月/日）	喷药时间（月/日）
		7/2	7/13	7/20	7/30	8/6
		药剂名称及剂量				
Ⅰ-Ⅵ	控制	每 667m² 70%代森锰锌 100g	每667m² 10%苯醚甲环唑水分散粒剂 50g，啶虫脒 15g	每 667m² 10%苯醚甲环唑水分散粒剂 50g，啶虫脒 15g	每 667m² 32.5%苯甲·嘧菌酯悬浮剂 20g	每 667m² 32.5%苯甲·嘧菌酯悬浮剂 20g
Ⅰ-Ⅵ	不控制		每 667m² 啶虫脒 15g	每 667m² 啶虫脒 15g		

重复	处理	调查时间（月/日）	调查时间（月/日）	调查时间（月/日）	调查时间（月/日）	调查时间（月/日）	调查时间（月/日）	调查时间（月/日）	调查时间（月/日）
		7/6	7/13	7/20	7/30	8/6	8/15	8/20	8/30
		病叶率（%）	病叶率（%）	病叶率（%）	病叶率（%）	病叶率（%）	病叶率（%）	病叶率（%）	病叶率（%）
Ⅰ	控制	0.04	0.12	0.47	4.36	6.76	10.78	19.15	29.2
Ⅰ	不控制	0.03	0.13	1.39	10.85	24.06	38.33	53.72	67.6
Ⅱ	控制	0.03	0.12	0.53	4.33	6.92	14.68	22.25	38.9
Ⅱ	不控制	0.02	0.14	1.59	11.25	29.24	36.11	55.17	76.9
Ⅲ	控制	0.03	0.09	0.68	4.68	7.35	13.15	21.33	30.1
Ⅲ	不控制	0.04	0.11	1.84	12.45	30.41	38.55	50.55	69.2
Ⅳ	控制	0.04	0.08	0.72	3.96	7.11	15.33	21.95	32.8
Ⅳ	不控制	0.03	0.13	1.75	10.95	20.45	39.05	56.42	60.4
Ⅴ	控制	0.05	0.12	0.55	5.13	7.49	12.36	18.45	33.1
Ⅴ	不控制	0.04	0.12	1.79	11.80	25.53	36.45	46.66	69.7
Ⅵ	控制	0.04	0.13	0.69	4.59	7.41	13.71	20.33	38.6
Ⅵ	不控制	0.04	0.14	2.03	14.93	26.22	34.35	48.12	71.8

调查项目		重复	早疫病不控制区	早疫病控制区
病虫危害损失	小区产量（kg）	重复 1	130	162
		重复 2	142.5	172.5
		重复 3	127.5	175
		重复 4	138.5	164
		重复 5	117.5	169.5
		重复 6	145.1	177
		平均	133.5	170
	折合每 667m² 产量（kg）		2 966.8	3 778

2012 年马铃薯早疫病大田评估试验调查
（内蒙古赤峰市克什克腾旗）

田块	重复	位置	调查时间（月/日）	调查时间（月/日）	调查时间（月/日）	调查时间（月/日）	调查时间（月/日）
			7/20	7/30	8/6	8/15	8/20
			病叶率（%）	病叶率（%）	病叶率（%）	病叶率（%）	病叶率（%）
广华村	Ⅰ	东	5.58	11.56	30.2	45	63
	Ⅱ	中	6.66	12.24	33.5	48	62
	Ⅲ	西	5.80	13.17	35.6	49	58
双山子村	Ⅰ	东	4.82	15.14	23.6	52	65
	Ⅱ	中	4.14	14.33	27.3	48	59
	Ⅲ	西	3.92	13.45	24.5	44	60
大兴永村	Ⅰ	东	2.92	13.08	33.1	60	73
	Ⅱ	中	3.98	12.24	35.8	55	70
	Ⅲ	西	4.33	14.25	33.5	56	66
富盛永村	Ⅰ	东	6.08	12.66	28.3	58	72
	Ⅱ	中	6.29	13.16	30.6	56	68
	Ⅲ	西	6.44	15.33	31.5	50	74
刘营子村	Ⅰ	东	5.56	17.50	26.3	49	57
	Ⅱ	中	4.62	18.15	26.5	42	61
	Ⅲ	西	3.72	15.24	24.6	40	56

2012 年马铃薯早疫病大田评估试验调查(内蒙古赤峰市克什克腾旗)

填报单位：克旗植保站　填报人员：于凤玲　调查日期：2012 年 9 月 24 日
季作区类型：春播一季　耕作方式：机械化高垄　品种：冀张薯 8 号
试验地点：新开地乡广华村

调查项目		早疫病不控制区		早疫病控制区	
		株数	产量（kg）	株数	产量（kg）
选三点	重复 1	11	14.8	13	16.8
	重复 2	13	14.1	11	15.5
	重复 3	12	13.6	13	17.1
	平均值	12	14.17	12.3	16.47
病虫危害损失	每 667m^2 产量（kg）	2 624		3 050	
	产量损失率（%）	16.23			
	挽回损失（kg）			426	
	每 667m^2 挽回经济损失（元）			340.8	

2012 年马铃薯早疫病大田评估试验调查
(内蒙古赤峰市克什克腾旗)

填报单位：克旗植保站　填报人员：于凤玲　调查日期：2012 年 9 月 24 日
季作区类型：春播一季　耕作方式：机械化高垄　品种：冀张薯 8 号
试验地点：新开地乡双山子

调查项目		早疫病不控制区		早疫病控制区	
		株数	产量（kg）	株数	产量（kg）
选三点	重复 1	12	13.6	10	14.5
	重复 2	11	11.8	12	13.6
	重复 3	12	12.2	11	14.8
	平均值	11.7	12.5	11	14.3

（续）

调查项目		早疫病不控制区		早疫病控制区	
		株数	产量（kg）	株数	产量（kg）
病虫危害损失	每 667m² 产量（kg）	2 315		2 648	
	产量损失率（%）	14.4			
	挽回损失（kg）			333	
	每 667m² 挽回经济损失（元）			266.4	

2012 年马铃薯早疫病大田评估试验调查（内蒙古赤峰市克什克腾旗）

填报单位：克旗植保站　填报人员：于凤玲　调查日期：2012 年 9 月 28 日
季作区类型：春播一季　耕作方式：机械化高垄　品种：2191
试验地点：芝瑞镇大兴永村

调查项目		早疫病不控制区		早疫病控制区	
		株数	产量（kg）	株数	产量（kg）
选三点	重复 1	12	14.6	12	17.5
	重复 2	14	12.5	13	16.4
	重复 3	12	13.7	12	13.8
	平均值	12.7	13.6	12.3	15.9
病虫危害损失	每 667m² 产量（kg）	2 518.6		2 944.5	
	产量损失率（%）	16.9			
	挽回损失（kg）			425.9	
	每 667m² 挽回经济损失（元）			340.7	

2012年马铃薯早疫病大田评估试验调查
（内蒙古赤峰市克什克腾旗）

填报单位：克旗植保站　填报人员：于凤玲　调查日期：2012年9月28日
季作区类型：春播一季　耕作方式：机械化高垄　品种：冀张薯8号
试验地点：芝瑞镇富盛永村

调查项目		早疫病不控制区		早疫病控制区	
		株数	产量（kg）	株数	产量（kg）
选三点	重复1	13	13.5	14	16.2
	重复2	10	12.4	10	13.3
	重复3	11	11.8	12	15.3
	平均值	11.3	12.57	12	14.93
病虫危害损失	每667m² 产量（kg）	2 328		2 765	
	产量损失率（%）	18.8			
	挽回损失（kg）			437	
	每667m² 挽回经济损失（元）			350.27	

2012年马铃薯早疫病大田评估试验调查
（内蒙古赤峰市克什克腾旗）

填报单位：克旗植保站　填报人员：于凤玲　调查日期：2012年9月26日
季作区类型：春播一季　耕作方式：机械化高垄　品种：2191
试验地点：宇宙地镇刘营子村

调查项目		早疫病不控制区		早疫病控制区	
		株数	产量（kg）	株数	产量（kg）
选三点	重复1	12	14.2	13	15.8
	重复2	12	12.4	10	12.6
	重复3	11	12.5	10	13.7
	平均值	11.7	13.03	11	14.03

（续）

调查项目		早疫病不控制区		早疫病控制区	
		株数	产量（kg）	株数	产量（kg）
病虫危害损失	每 667m² 产量（kg）	2 413		2 598	
	产量损失率（%）	7.7			
	挽回损失（kg）			185	
	每 667m² 挽回经济损失（元）			148	

2012 年马铃薯早疫病小区试验调查（内蒙古呼伦贝尔阿荣旗）

填报单位：阿荣旗植保植检站　填报人员：孙平立　调查日期：2012 年 9 月 13 日
季作区类型：一季　耕作方式：垄作　品种：鲁引一号
试验地点：阿荣旗新发乡长发村

重复	处理	调查项目	7 月 24 日	8 月 2 日	8 月 8 日	8 月 17 日	8 月 24 日
Ⅰ	控制	病斑面积（%）	0	0	0.02	0.89	9.48
Ⅰ	不控制	病斑面积（%）	0	0	5.51	12.6	94
Ⅱ	控制	病斑面积（%）	0	0	0.02	1.61	9.32
Ⅱ	不控制	病斑面积（%）	0	0	6.69	6.62	93.89
Ⅲ	控制	病斑面积（%）	0	0	0.06	2.3	24.7
Ⅲ	不控制	病斑面积（%）	0	0	3.38	5.39	91.6
Ⅳ	控制	病斑面积（%）	0	0	0.04	3.28	16.94
Ⅳ	不控制	病斑面积（%）	0	0	1.86	4.48	85.2
Ⅴ	控制	病斑面积（%）	0	0	0.06	1.44	4.67
Ⅴ	不控制	病斑面积（%）	0	0	1.94	5.15	88.5
Ⅵ	控制	病斑面积（%）	0	0	0.10	1.71	12.29
Ⅵ	不控制	病斑面积（%）	0	0	2.18	5.42	85.6

		早疫病不控制区	早疫病控制区
		产量（kg）	产量（kg）
小区产量（kg）	重复 1	43.5	53.3
	重复 2	44.3	51.8
	重复 3	45.8	54
	重复 4	47.3	53.3
	重复 5	46.5	56.3
	重复 6	43.5	54
	平均	45.1	53.8
折合每 $667m^2$ 产量（kg）		1 001.8	1 193.3

2012 年马铃薯早疫病大田评估试验调查
（内蒙古呼伦贝尔阿荣旗）

田块	种植品种	8 月 2 日	8 月 8 日	8 月 17 日	8 月 24 日	8 月 28 日
		病斑面积（%）	病斑面积（%）	病斑面积（%）	病斑面积（%）	病斑面积（%）
第一块田（复兴镇靠山村）	鲁引一号	2.32	5.05	11.27	95.13	98.65
第二块田（复兴镇地房子村）	鲁引一号	0	2.45	9.07	91.89	96.23
第三块田（查巴奇猎民村）	克新一号	0	0	1.98	9.35	81.12
第四块田（阿荣旗良种场）	克新一号	0	0	1.379	6.13	72.05
第五块田（新发乡大有庄村）	克新一号	0	2.6	8.39	92.23	92.68

2012年马铃薯早疫病大田评估试验调查
（内蒙古呼伦贝尔阿荣旗）

填报单位：阿荣旗植保植检站　填报人员：孙平立　调查日期：2012年9月15日
季作区类型：一季　耕作方式：垄作　品种：鲁引一号
试验地点：复兴镇靠山村

调查项目		早疫病不控制区		早疫病控制区	
		株数	产量（kg）	株数	产量（kg）
选三点	重复1	12	1.4	12	2.5
	重复2	12	1.9	12	2.3
	重复3	12	2	12	2.6
	平均值	12	1.8	12	2.5
病虫危害损失	每667m² 产量（kg）	588.83		822.1	
	产量损失率（%）	28.4			
	挽回损失（kg）			233.31	
	每667m² 挽回经济损失（元）			107.32	

2012年马铃薯早疫病大田评估试验调查
（内蒙古呼伦贝尔阿荣旗）

填报单位：阿荣旗植保植检站　填报人员：孙平立　调查日期：2012年9月15日
季作区类型：一季　耕作方式：垄作　品种：鲁引一号
试验地点：复兴镇地房子村

调查项目		早疫病不控制区		早疫病控制区	
		株数	产量（kg）	株数	产量（kg）
选三点	重复1	12	3.1	12	3.8
	重复2	12	3	12	3.7
	重复3	12	3	12	3.5
	平均值	12	3	12	3.7

（续）

调查项目		早疫病不控制区		早疫病控制区	
		株数	产量（kg）	株数	产量（kg）
病虫危害损失	每 667m² 产量（kg）	1 011.01		1 222.1	
	产量损失率（%）	17.3			
	挽回损失（kg）			211.09	
	每 667m² 挽回经济损失（元）			97.1	

2012 年马铃薯早疫病大田评估试验调查
（内蒙古呼伦贝尔阿荣旗）

填报单位：阿荣旗植保植检站　填报人员：孙平立　调查日期：2012 年 9 月 14 日
季作区类型：一季　耕作方式：垄作　品种：克新一号
试验地点：查巴奇猎民村

调查项目		早疫病不控制区		早疫病控制区	
		株数	产量（kg）	株数	产量（kg）
选三点	重复 1	12	3.5	12	4.2
	重复 2	12	3.4	12	3
	重复 3	12	3	12	3.8
	平均值	12	3.3	12	3.7
病虫危害损失	每 667m² 产量（kg）	1 099.89		1 222.1	
	产量损失率（%）	10			
	挽回损失（kg）			122.21	
	每 667m² 挽回经济损失（元）			56.22	

2012年马铃薯早疫病大田评估试验调查
（内蒙古呼伦贝尔阿荣旗）

填报单位：阿荣旗植保植检站　填报人员：孙平立　调查日期：2012年9月14日
季作区类型：一季　耕作方式：垄作　品种：克新一号
试验地点：良种场

调查项目		早疫病不控制区		早疫病控制区	
		株数	产量（kg）	株数	产量（kg）
选三点	重复1	12	3.9	12	4.3
	重复2	12	3.9	12	4.4
	重复3	12	4	12	4
	平均值	12	3.9	12	4.2
病虫危害损失	每667m² 产量（kg）	1 310.98		1 411	
	产量损失率（%）	7.1			
	挽回损失（kg）			99.99	
	每667m² 挽回经济损失（元）			45.99	

2012年马铃薯早疫病大田评估试验调查
（内蒙古呼伦贝尔阿荣旗）

填报单位：阿荣旗植保植检站　填报人员：孙平立　调查日期：2012年9月16日
季作区类型：一季　耕作方式：垄作　品种：克新一号
试验地点：新发乡大有庄村

调查项目		早疫病不控制区		早疫病控制区	
		株数	产量（kg）	株数	产量（kg）
选三点	重复1	12	2.9	12	3.7
	重复2	12	2.8	12	3
	重复3	12	2.5	12	3.2
	平均值	12	2.7	12	3.3

（续）

调查项目		早疫病不控制区		早疫病控制区	
		株数	产量（kg）	株数	产量（kg）
病虫危害损失	每 667m² 产量（kg）	911.02		1 099.9	
	产量损失率（%）	17.2			
	挽回损失（kg）			188.87	
	每 667m² 挽回经济损失（元）			86.88	

第三节　马铃薯青枯病发生程度及危害损失评估报告

植物细菌性青枯病是一种世界性重大植物病害。青枯病菌寄主范围广泛，可侵染 50 多个科 450 余种植物，无寄主时青枯病菌在土壤和水中可长期存活。Xu 等（2009）对我国植物青枯病菌进行了遗传多样性研究，并分析了国内马铃薯青枯病菌的流行分布。马铃薯青枯病菌在国内存在两支菌系，并呈现不同的流行特征。演化型Ⅰ（亚洲分支）马铃薯青枯病菌（1 号小种）存在于平原地区（温暖或夏季炎热地区），演化型Ⅱ（美洲分支）马铃薯青枯病菌（3 号小种）存在于高纬度和低纬度高海拔地区（冷凉地区），是马铃薯的主要菌系。该菌系与马铃薯共同起源于美洲安第斯山高海拔地区，适应冷凉气候环境，随着马铃薯种薯调运，已在世界范围内广泛传播扩散。

20 世纪 70 年代，国内马铃薯青枯病只是偶见于湖南及四川的山区，但随后由于马铃薯栽培品种不断更替，异地引种、调种以及环境条件等因素的影响，马铃薯青枯病迅速传播到我国 10 个省份，在不少地区成为影响马铃薯生产发展的重大障碍，据华静月等报道，该病在我国中原和南方马铃薯二季栽培地区以及西南一、二季混作区普遍发生，危害严重。1980 年四川彭县通济区因青枯病危害当年损失种薯 1 000 万 kg，有的田块绝收；1981 年，峨眉县损失一级脱毒原种超过 5 万 kg；1984 年什邡县山区因青枯病危害严重直接影响了群众种植马铃薯的积极性；1988 年成都部分田块损失材料达 50%。

20 世纪 90 年代以来，随着马铃薯种薯质量的提高及各地区的田间综合防治，马铃薯青枯病得到了一定程度的控制，但仍是南方马铃薯生产上的常见问题。作为马铃薯的主要种植区域，西南地区的马铃薯种植面积将近 266.7 万 hm^2（占全国总面积的 41%），青枯病在四川、云南、贵州等地时有发生。在山东省及广东省也有青枯病发生的报道，但其病原菌系存在马铃薯青枯病菌 1 号小种，病害流行具有一定的特殊性。

作为一种土传病害，青枯病一旦在某地区发生便难以根除，青枯病在冷凉地区发病往往缓慢，甚至潜伏侵染而不显症，也是该病难以根除的原因之一，加之部分地区粗放的耕作制度以及对种薯缺乏有效的检疫等原因，使青枯病在某些年份或局部地区呈现暴发。近年来，冬作马铃薯发展迅速，由于冬作区气候相对温暖湿润，且需要不断从外地调种，青枯病成为该地区潜在威胁，加强该地区青枯病流行规律的调查，将有助于促进冬作马铃薯产业健康可持续发展。

一、田间调查方法

项目组在 2012—2013 年连续两年对云南德宏冬作马铃薯青枯病进行调研，调研人员实地走访了德宏主要青枯病暴发区域（芒市、盈江），对病害发生情况进行了调查。调查采取田间随机抽样统计及问卷调查的形式进行。

（一）大田病情调查及统计方法

对发病田进行调查，同时选择同田或同类无病害田块（同样栽培方式、品种）作为对照田，在发病末期（盛花期稍后）分别调查青枯病发生区及未发生区的发生程度，方法采用全部小区调查法，调查小区马铃薯品种的植株数一般不少于60株（穴），调查记录小区病株数及总数，重复3次，统计发病率，统计平均数据计入表3-7。

（二）青枯病危害损失评估计算方法

收获时对调查确定的具有代表性的发病田及未发病对照田进行测产。以发病区和未发病对照区进行抽样统计，在测出每667m² 产量的基础上，分别计算发生区产量损失率、损失产量和经济损失。统计数据计入表3-8、表3-9。

计算公式：

$$\text{产量损失率}=\frac{\text{不发生区每}\,667\text{m}^2\,\text{产量}-\text{发生区每}\,667\text{m}^2\,\text{产量}}{\text{不发生区每}\,667\text{m}^2\,\text{产量}}\times 100\%$$

$$\text{损失产量}=\text{不发生区每}\,667\text{m}^2\,\text{产量}-\text{发生区每}\,667\text{m}^2\,\text{产量}$$

$$\text{经济损失}=\text{挽回损失}\times\text{当地市场收购价格}$$

二、田间调查结果

表3-7　马铃薯青枯病田间发病率调查

调查点	田块	调查时间	发病率（%）
芒市	轩岗乡	2012-1-18	11.0
	风平乡1	2012-1-18	9.0
	风平乡2	2012-1-18	9.0
	木康乡	2012-1-18	8.0
	清平乡	2012-1-18	8.0

（续）

调查点	田块	调查时间	发病率（%）
盈江	太平镇	2012-1-19	10.0
芒市	轩岗乡1	2012-12-22	7.0
	轩岗乡2	2012-12-22	9.0
	轩岗乡3	2012-12-22	8.0
盈江	旧城镇	2012-12-23	8.0

表 3-8　马铃薯产量调查（云南，2012—2013 年）

调查项目		平均折合每 667m² 产量（kg）	
		青枯病发生区	青枯病未发生区
2012 年	芒市	1 365	1 500
	盈江	1 340	1 600
2013 年	芒市	2 070	2 300
	盈江	1 958	2 200

表 3-9　马铃薯青枯病发生损失统计

（云南，2012—2013 年）

调查项目		产量损失率（%）	每 667m² 损失产量（kg）	每 667m² 经济损失（元）
2012 年	芒市	9	135	270
	盈江	10	160	320
2013 年	芒市	8	184	552
	盈江	8	176	528

2012 年年初云南德宏芒市（轩岗、风平 2 个点、木康、清平）马铃薯青枯病的调查品种为合作 88，青枯病发生地块的平均发病率为 9%，青枯病未发生地块平均每 667m² 产量为1 500

kg，以损失率9%计算，每667m² 造成产量损失135kg，按照当地市场批发价2元/kg计算，每667m² 造成直接经济损失270元。

2012年年初云南德宏盈江太平镇马铃薯青枯病的调查品种为合作88，青枯病发生地块的平均发病率为10%，青枯病未发生地块每667m² 产量为1 600kg，以损失率10%计算，每667m² 造成产量损失160kg，按照当地市场批发价2元/kg计算，每667m² 造成直接经济损失320元。

2012年年底云南德宏芒市（轩岗3个点）马铃薯青枯病的调查品种为S03－259，青枯病发生地块的平均发病率为8%。青枯病未发生地块平均每667m² 产量为2 300kg，以损失率8%计算，造成每667m² 产量损失184kg，按照当地市场批发价3元/kg计算，每667m² 造成直接经济损失552元。

2012年年底云南德宏盈江旧城镇马铃薯青枯病的调查品种为S03－259，青枯病发生地块的平均发病率为8%，青枯病未发生地块每667m² 产量为2 200kg，以损失率8%计算，造成每667m² 损失产量176kg，按照当地市场批发价3元/kg计算，每667m² 造成直接经济损失528元。

三、分析与讨论

2012—2013年连续两年对云南德宏马铃薯青枯病发生的跟踪调查结果显示，青枯病发病区产量损失率在9%左右，2013年与2012年相比，马铃薯产量较高，价格也较高，直接经济损失更大。由于青枯病一旦发生即导致植株萎蔫死亡，所以损失往往是毁灭性的。青枯病在德宏地区呈现不定点发生，与品种及种薯来源有相关性，但也不排除由灌溉等因素引起，发展流行趋势还有待进一步跟踪调查。

青枯病在温暖湿润的条件下易发生，在大春作地区青枯病容易潜伏侵染而不显症，也没有引起足够重视，但这些地区往往又是种薯生产基地，种薯质量难以得到保证。而在冬作地区，青枯病有逐年发展的趋势，正成为冬作马铃薯产业进一步发展的限制因素。冬作马铃薯处在供应淡季，效益高，青枯病一旦发生，造成的损失是巨大的，因此加强冬作区的青枯病综合防治是促进冬马铃薯产业健康可持续发展的保证。

四、防治措施建议

（一）选用抗病品种

由于青枯病菌在土壤及水中可长期存活，使用抗病品种是最为经济有效的防控措施。如中国农业科学院植物保护研究所与云南省农业科学院经济作物研究所合作选育的抗青 9-1 对马铃薯青枯病具有较好的抗性。

（二）种薯检疫

使用来源可靠的合格种薯是防控青枯病的有效措施。严禁从疫区调运种薯。

（三）土壤监测

选择 5 年以上未种植过茄科作物的田块作为种薯生产基地，并进行土壤青枯病菌检测，同时定期进行监测。

（四）综合防治

实行轮作，加强水肥管理，科学用肥用水；注意田间卫生，及时拔除病株，适当施用硼肥；发病初期可用 72%农用链霉素可湿性粉剂 4 000 倍液，或 25%络氨铜水剂 500 倍液，或 77%氢氧化铜可湿性粉剂 500 倍液灌根，每株灌对好的药液 0.3～0.5L，隔 7～10d 灌 1 次，连续灌根 2～4 次，

效果较好。

（撰稿人：潘哲超[1]　隋启军[1]　张若芳[2]　孙清华[2]//1. 云南省农业科学院　昆明，650205；2. 内蒙古大学内蒙古马铃薯工程技术研究中心　呼和浩特，010021）

第四章　马铃薯晚疫病发生趋势分析

根据全国各地近10～20年马铃薯种植面积、晚疫病发生面积、抗病品种使用情况等数据，预测和评估马铃薯晚疫病的发生危害现状、特点，病原及其演替规律，未来发生趋势，防治对策等，为更有效地控制马铃薯晚疫病的发生提供重要理论依据。

一、马铃薯晚疫病发生危害现状、特点

晚疫病是一种毁灭性的作物病害，在世界各地均有发生，已成为世界马铃薯的主要病害之一，在19世纪中期马铃薯晚疫病曾引起爱尔兰大饥荒，造成200余万人死亡和迁移。在世界范围内，每年由马铃薯晚疫病造成的直接损失高达上百亿美元，发展中国家的直接损失达32.5亿美元，使用杀菌剂的费用也在7.5亿美元以上。这不仅直接增加了马铃薯生产的成本和风险，而且也造成严重的环境污染，给人类健康带来巨大的威胁。

我国是马铃薯种植大国，种植面积达500多万 hm^2 （中国统

计年鉴，2011）。我国马铃薯生产区主要分布于华北（内蒙古、河北、山西）和西北（甘肃、陕西、宁夏）、东北（黑龙江、吉林、辽宁和内蒙古东部）、西南（四川、重庆、云南、贵州）、华南和东南（福建、广东、广西）等地区，马铃薯晚疫病在这些产区均可造成严重危害，其中对西南山区马铃薯生产的危害尤其大，是限制我国马铃薯生产的主要因素。20 世纪 50 年代，马铃薯晚疫病在我国第一次大暴发，后来通过使用杀菌剂和种植抗病品种，病情得到有效控制，直到 20 世纪 90 年代初，晚疫病病情再次加重，并一直延续到今天，给我国马铃薯生产带来了巨大危害。

二、病原及其演替规律

马铃薯晚疫病是由卵菌纲疫霉属的致病疫霉（*Phytophthora infestans*）引起的。致病疫霉属活体营养型，可侵染马铃薯、番茄等 50 多种茄科植物，通常以无性繁殖为主，但当环境条件适合的时候，也会进行有性生殖。进行无性生殖时，其孢囊梗从寄主的气孔伸出，顶端膨大形成孢子囊，条件适宜时，孢子囊萌发，并从其顶端的乳突处释放出 6～12 个游动孢子。进行有性生殖时，致病疫霉通常以异宗交配形式完成，两种不同的交配型（A1 和 A2）在彼此激素的刺激下，对应菌丝体可分别分化出雄配子（雄器）和雌配子（藏卵器），形成具有双核的卵孢子。有些致病疫霉还可以进行同宗交配，产生卵孢子。卵孢子具有很强的抗逆能力，在病株体内及土壤中均可越冬，是晚疫病的重要初侵染源。

到 20 世纪 80 年代初，只在墨西哥发现了 A1 和 A2 两种不同的交配型，意味着其他地区的致病疫霉均可能仅依赖无性生殖来繁衍后代，因此在 20 世纪 80 年代之前，世界各地的疫霉菌群体结构比较单一、遗传多样性低。对来自全球五大洲 20 个国家的300多个疫霉菌株进行同工酶和脱氧核糖核酸指纹鉴定发现，被定名为USA-1的单一基因型在这些收集于20世纪70～80年代的菌株中占绝对优势，其他基因型也是从这一基因型通过突变衍生的，而且，来自世界各地的疫霉菌群体有很大的遗传相似性。但是自从20世纪90年代末，马铃薯晚疫病菌群体在结构和致病力上都发生了巨大变化，整体上向复杂性、高致病性发展，原来占绝对多数的USA-1现已很难从自然群体中找到。在美国，这一优势基因型已被命名为USA-8的基因型取代，后者的致病力比前者高数倍。在英国，被定名为Blue-13的基因型于2003年首次在南部的一个小农场发现，这一基因型在当时的群体中所占的比例很低，可是到了2008年，这一基因型已遍布英国全境，并在群体中占七成以上。

致病疫霉基因组的结构特点和有性繁殖可能是造成该病原进化速度快，群体结构向复杂性、高致病性发展的主要原因。致病疫霉基因组很大，有2.4亿个碱基对（其中，*P. sojae* 有9 500万个碱基对，*P. ramorum* 有6 500万个碱基对），含有大量的转座子和重复元件（74%），且转座子多分布于效应子基因附近。这一基因组的特点有利于新的有利突变形成，有利突变群体通过自然选择和基因流进行放大和传播。自1984年首次在墨西哥外的瑞士检测到A2交配型后，A2交配型又先后在欧洲、美洲、非洲、亚洲等包括中国在内的许多地区发现。虽然A2交配型在各国或地区的致病疫霉群体中所占的比例不等，但大都少于50%。在英国，自1984年起，A2交配型在群体中的比例逐年增加，到了2007年，A2交配型在群体中的比例首次超过A1交配型，占整个群体的70%以上。A2交配型在各国的出现意味着除墨西哥外，其他地区的马铃薯致病疫霉也同时具备了有性繁殖所必需的两种交配型，可以产生卵孢子，通过有性繁殖进行基因重组，形成致病力更强的菌株，并通过无性繁殖保存下来。

三、未来的发生趋势

在未来的数年或数十年内，晚疫病仍将是我国甚至世界马铃薯生产的主要约束因素之一，尤其是在我国温暖潮湿的西南山区。A2 交配型和自育型致病疫霉在世界各地包括我国多地区的出现，再加上马铃薯品种遗传结构单一、种植面积不断增加、全球农业商品贸易普及，还有致病疫霉本身基因组结构特点和远距离传播能力等因素将加快致病疫霉形成新型抗药基因型生理小种，缩短马铃薯抗性品种和化学药剂的使用寿命，加大晚疫病大暴发的风险。受现有耕作制度和人类行为的影响，致病疫霉也将向复杂型、高致病力方向发展。气候变迁一方面可能导致全球变暖，使每年的越冬菌源增加，晚疫病发生和流行时间提前，所以应提早做好病害防控准备，但由于致病疫霉对温度的反梯度适应性，气候变暖本身对晚疫病流行强度影响可能不大；另一方面频繁的极端气候或灾变，如干旱、洪涝等，使晚疫病的发生和流行更具多变性和突发性，所以应加强病害的预测预报工作。

四、拟采取的治理对策

未来晚疫病的防控应基于多学科的合作，从遗传学、育种学、栽培学、病理学、药理学、生态学和进化生物学角度研究马铃薯的抗性机制，杀菌剂的作用机理，致病疫霉的演变规律以及寄主抗性、品种布局、农艺操作和杀菌剂的使用方法对致病疫霉进化和抗性品种寿命的影响，同时建立一套集寄主抗病性、病原菌群体的时空分布、致病疫霉的早期诊断及气候因素于一体的多元预测预报系统。

栽培抗病品种依然是控制马铃薯晚疫病最经济、简便、有效、环保的方法。马铃薯对致病疫霉的抗性分主效和非主效两种。主效基因控制的抗性是单基因控制的质量性状，与致病疫霉表现出基因对基因互作，这种由主效基因控制的抗性品种的使用寿命不会很长。虽然由多基因控制的非主效抗性可以延长抗性品种的使用寿命，但由于致病疫霉群体的易变异性和快速进化，多基因控制的非主效抗性也不会长久。因此，在品种选育上，应该加强发掘新型主效抗病基因和培育同时具有主效和非主效抗性基因的品种，并通过抗性基因在空间和时间上的合理布局，如不同抗性基因的轮流使用，以达到生态、持久控制晚疫病的目的。

虽然使用化学农药成本高、使用不当会造成环境污染及危害人畜健康，但在缺少抗性品种的情况下，使用化学药剂仍是控制马铃薯晚疫病的主要方法。然而，大面积使用化学药剂会导致其快速失效。以甲霜灵为代表的苯基酰胺类杀菌剂在晚疫病的防治中曾有非常好的效果，但自从 1981 年荷兰、爱尔兰出现了抗甲霜灵的菌株之后，各国陆续出现高抗菌株，使得该类药剂的防治效果显著降低，现应避免使用。目前，代森锰锌也逐渐失去防治致病疫霉的有效性，应该慎重使用。烯酰吗啉和氟吡菌胺的防治效果较好，但由于使用量的逐年提高，预计它们的防治效果会逐渐降低，建议和其他不同作用机制的化学药剂轮流使用。

使用优质种薯依然是晚疫病防控的重要环节，但初侵染源可能不仅仅局限于带菌种薯或周边的茄科作物，应该加强田间及周边地块的清洁和杂草的管理。在栽培上，提倡使用高质量种薯和小整薯播种，播种时剔除带菌或疑似带菌种薯，调整滴灌方法和时间，增施有机肥和磷、钾肥等。

（撰稿人：詹家绥　祝雯//福建农林大学　福州，350002）

第五章　马铃薯主要病害检测技术

第一节　马铃薯病毒病检测技术

一、植物总 RNA 提取及浓度检测

1. 取 30～60mg 植物组织，迅速转移至用液氮预冷过的研钵中，用研杵充分研磨至组织呈粉末状，其间不断补加液氮以保证 RNA 的活性。之后加入 1mL Trizol 混匀，转入 1.5mL Eppendorf 管中，室温孵育 10min 后，4℃，12 000r/min 离心 5min，取上清约 900μL。

2. 加入 200μL 氯仿，用力颠倒混匀，室温孵育 5min（此步骤重复 3 次）；4℃，12 000r/min 离心 15min。

3. 吸取上清至另一 1.5mL Eppendorf 管中，加入等体积异丙醇，混匀后 4℃静置 10min；4℃，12 000r/min 离心 10min，弃上清。

4. 加入 600μL DEPC 处理水配制的 75%乙醇，洗涤沉淀。

5. 4℃，12 000r/min 离心 10min，弃上清，真空抽滤机抽干乙醇。

6. 加入 20μL DEPC 处理水至完全溶解，进行甲醛变性胶电泳和紫外分析测定。

二、反转录

1. Microtube 中配制下列模板 RNA 引物混合液（表 5－1），全量 6μL。

表 5－1　模板 RNA 引物混合液体系

试　　剂	加样量
模板 RNA	1ng～1μg
Oligo（dT）12～18primer（50μmol/L）	1μL
或 specific primer（10μmol/L）	
超纯水	加至 6μL

2. 70℃保温 10min 后迅速在冰上急冷 2min 以上。

3. 离心数秒钟使模板 RNA 引物的变性溶液聚集于 Microtube 底部。

4. 在上述 Microtube 中配制下列反转录反应液（表 5－2）。

表 5－2　反转录反应液体系

试　　剂	加样量
模板 RNA 引物的变性溶液	6μL
5×M－MLV buffer	2μL
dNTP mixture（各 10mmol/L）	0.5μL
RNase inhibitor（40U/μL）	0.25μL
RTase M－MLV（RNase H）（200U/μL）	0.25μL
超纯水	加至 10μL

5. 42℃保温 1h，70℃保温 15min 后冰上冷却，得到的 cD-

NA 溶液可直接作为模板用于 PCR 扩增。

三、实时荧光定量 PCR 检测

将所得样品放入 7300 实时荧光定量 PCR 仪反应板上，设置反应条件，进行实时荧光定量 PCR（real-time PCR）检测（表 5-3），反应结束后，设置分析软件的基线和阈值，最后得到每个样品的 Ct 值（即从基线到指数增长拐点所对应的循环次数）。

表 5-3　PCR 反应体系

试　　剂	加样量
2 × TaqMan real-time PCR buffer（ABI 公司）	12.5μL
primer1（10μmol/L）	0.5μL
primer2（10μmol/L）	0.5μL
TaqMan probe	0.5μL
cDNA 模板	2μL
超纯水	补齐至 25μL

反应条件：95℃，15s；95℃，5s；60℃，31s。40 个循环，延伸过程采集信号。

四、结果分析

以 cDNA 为模板，根据所设计的不同引物—探针与各病毒扩增曲线，检测获得 Ct 值。且同一次实时定量 PCR 反应重复 3 次，经计算分析可知 3 次重复实验所得到的 Ct 值变化较小，因此各引物—探针实时定量 PCR 实验的重复性好（图 5-1）。

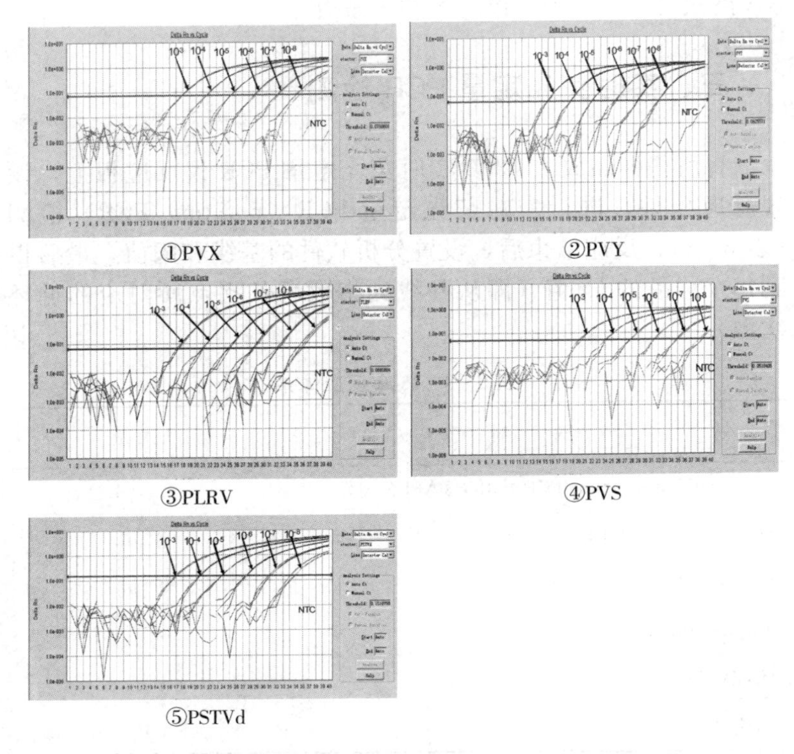

①PVX ②PVY ③PLRV ④PVS ⑤PSTVd

图 5 - 1 Real - time PCR 检测 4 种病毒、1 种类病毒

注：①至⑤浓度梯度依次为 10^{-3}、10^{-4}、10^{-5}、10^{-6}、10^{-7}、10^{-8}。

附录：

一、主要仪器设备和用具

1. 仪器设备

高速离心机、梯度 PCR 仪、7300 实时荧光定量 PCR 仪、超低温冰箱、电泳仪、紫外分光光度计、超纯水生产仪。

2. 用具

可调移液器（0～20μL、20～200μL、200～1 000μL）、吸头、研钵、离心管（1.5mL、10mL）、PCR 管（0.2mL）、镊子等。

二、主要试剂

RNA 提取试剂盒、AMV 反转录试剂盒、real-time PCR core kit（ABI）。

第二节　马铃薯晚疫病检测技术

一、马铃薯晚疫病菌的分离纯化

1. 选择易感晚疫病的马铃薯块茎，将其表面洗干净，浸泡在 75%酒精中，表面过火消毒后切片，要保证使用的薯片两面都是切面；将从采集地带回的感病叶片背部朝上放在无菌的培养皿底，再在其上方覆盖新鲜的马铃薯薯片，盖好皿盖。

2. 培养皿放入 18℃、相对湿度为 90%的培养箱中培养约 1 周，直到马铃薯薯片上面出现白色的菌丝。其间要注意观察，如发生污染或者薯片腐烂，需重复转接。

3. 用无菌的接种针将菌丝接种到产孢的黑麦 B 培养基上，直到获得晚疫病菌的纯培养。注意接种针不能接触到薯块，以免发生污染。

二、晚疫病菌基因组 DNA 提取

1. 通过真空泵过滤收集培养自产菌丝的黑麦 A 液体培养基中的菌丝，菌丝收集到 1.5mL Eppendorf 管中，放入−80℃冻干。

2. 将冻干 24h 以上的菌丝用研钵研成粉末状，称取 30～

35mg，加入 1mL 预热的提取缓冲液（5mL 提取缓冲液组成：0.5mL 0.5mol/L EDTA，0.5mL 1mol/L Tris pH8.0，0.5mL 5mol/L NaCl，0.035mL β-巯基乙醇，0.125mL 10% SDS，3.24mL 无菌水），轻轻混匀，放入 65℃水浴锅 1h，其间每隔 15min 上下颠倒混匀 1 次。

3. 加入 333μL 5moL/L 醋酸钾溶液，振荡混匀，冰上放置 20min。

4. 12 000r/min 离心 10min，将上清液小心移入另一离心管中，加入 800μL 预冷的异丙醇，轻轻倒置混匀，冰上放置 30min。

5. 12 000r/min 离心 5min，倒掉上清，自然风干沉淀。

三、实时荧光定量 PCR 检测

将所得样品放入 7300 实时荧光定量 PCR 仪反应板上，设置反应条件，进行实时定量 PCR 检测，反应结束后，设置分析软件的基线和阈值，最后得到每个样品的 Ct 值。

表 5-4　PCR 反应体系

试　剂	加样量
2 × TaqMan real-time PCR buffer（ABI 公司）	12.5μL
primer1（10μmol/L）	0.5μL
primer2（10μmol/L）	0.5μL
TaqMan probe	0.5μL
DNA 模板	2μL
超纯水	补齐至 25μL

反应条件：95℃，15s；95℃，5s；60℃，31s。40 个循环，延伸过程采集信号。

四、结果分析

以晚疫病病原菌 DNA 为模板，所设计的引物—探针与晚疫病病原菌产生扩增曲线，检测获得 Ct 值。且同一次实时荧光定量 PCR 反应重复 3 次，经计算分析可知 3 次重复实验所得到的 Ct 值变化较小，因此该引物—探针实时定量 PCR 实验的重复性好（图 5-2）。

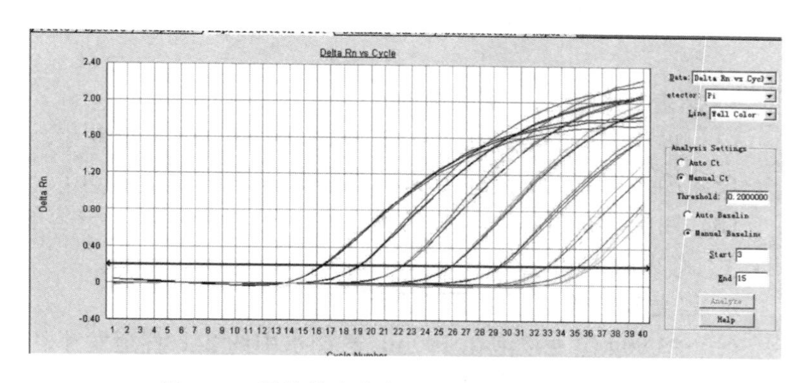

图 5-2　马铃薯晚疫病 real-time PCR 扩增曲线
（浓度梯度左至右依次为 10^{-1}～10^{-7}）

附：

一、主要仪器设备和用具

1. 仪器设备

高速离心机、梯度 PCR 仪、7300 实时荧光定量 PCR 仪、超低温冰箱、电泳仪、紫外分光光度计、超纯水生产仪。

2. 用具

可调移液器（0～20μL、20～200μL、200～1 000μL）、吸头、研钵、离心管（1.5mL、10mL）、PCR 管（0.2mL）、镊

子等。

二、主要试剂

提取缓冲液、醋酸钾溶液、异丙醇、real-time PCR core kit（ABI）。

三、培养基成分

1. 黑麦A培养基（富集菌丝）

（1）将60g黑麦浸泡在100mL蒸馏水中约24h直至发芽；

（2）倒入匀浆机中搅拌2min，然后放入50℃水浴锅3h；

（3）四层纱布过滤，收集滤液，加入琼脂和蔗糖，定容至1L，121℃灭菌15min。

2. 黑麦B培养基（富集孢子囊）

（1）将60g黑麦浸泡在100mL蒸馏水中约24h直至发芽；

（2）向泡好的黑麦中加入足量的蒸馏水，煮沸1h；

（3）4层纱布过滤，收集滤液，加入琼脂和蔗糖，定容至1L，121℃灭菌15min。

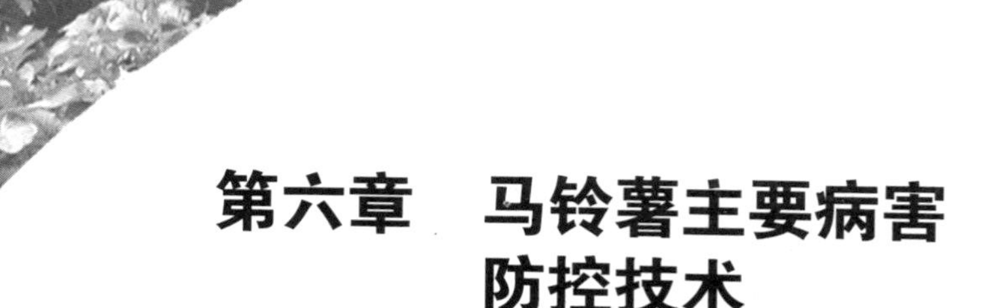

第六章　马铃薯主要病害防控技术

第一节　马铃薯晚疫病综合防治技术

1. 种植抗病品种

根据种植目的、用途和当地的情况，尽量选用适宜本地区的具有一定抗性的品种。一般早熟和加工品种不抗晚疫病，播种前应制定完善的晚疫病防控计划，早熟品种还可以通过调节播期和生长期，尽量避开晚疫病发生高峰期。

2. 合理搭配种植不同熟期的种薯。

3. 种植无病种薯

（1）选用脱毒种薯　一般生产田最好选用一级种薯，感病品种采用原种。

（2）精选种薯　播种前把种薯先放在室内堆放5～6d，进行晾种，不断剔除病薯。

（3）切刀消毒　在种薯切块过程中，用75%酒精、3%甲酚皂溶液或0.5%高锰酸钾溶液不断浸泡切刀5～10min进行消毒。采用多把切刀轮换使用。

（4）药剂拌种　防治晚疫病的药剂有霜脲氰·代森锰锌、甲霜灵·锰锌、噁霜灵·锰锌等；防治细菌病害的药剂有硫酸链霉素和春雷霉素；防治真菌病害的药剂有嘧菌酯、咯菌腈、多菌灵、甲基硫菌灵等。分别选择上述3类药剂各1种，采取干拌或湿拌的方法进行拌种。干拌一般是先将一定量的药剂与适量滑石粉混匀，再与种薯混匀后即可播种；湿拌一般将所选药剂配成一定浓度的药液，均匀喷洒在切好的种薯上，拌匀并晾干后播种。由于不同药剂有效含量不同，具体使用剂量参见产品说明书。

4. 每年轮作，远离番茄等茄科作物。

5. 收获后和种植前必须仔细检查和淘汰病薯。淘汰的块茎应埋入40～50cm深的土壤中，防止晚疫病菌传播。

6. 高垄栽培

高垄栽培有利于田间通风透光、降低小气候湿度，进而创造不利于病害发生的环境条件。垄宽80～90cm，厚培土进行2～3次，培土高度30～40cm。

7. 根据预测预报，合理使用化学药剂

相对湿度＞90％、温度＞7℃时晚疫病菌易于侵染。温度越高，相对湿度达到90％以上的持续时间越长，晚疫病发生的程度越严重（可根据比利时马铃薯晚疫病预测预报模型预测发病时间，指导打药）。

8. 晚疫病发生后及时割秧。

9. 化学防治

（1）苗期预防　对于种薯带菌的情况，在马铃薯出苗后10～15d，用触杀型保护剂（如代森锰锌、丙森锌或铜制剂等）进行首次茎叶喷雾，防治早疫病和晚疫病。为预防种薯带菌导致的苗期病害，也可在田间出苗率达到95％、苗高10～15cm时，用72％霜脲·锰锌可湿性粉剂700倍液（每667m^{2}用量130g）茎叶喷施。注意药剂之间的拮抗作用和合理混配。如70％丙森锌可湿性粉剂对马铃薯的早疫病、晚疫病均有保护性作用，但不可与铜制剂混用。

在发现中心病株之前，视降雨和空气湿度情况，当日平均气温为10～25℃、空气相对湿度保持在80%以上连续5d时，可用80%代森·锰锌可湿性粉剂500倍液，或75%百菌清悬浮剂600倍液，或100g/L氰霜唑·悬浮剂1 000倍液等保护性杀菌剂茎叶喷施进行第二次预防。

（2）封垄前加强防治　因马铃薯封垄后很难对其茎部和基部进行喷雾预防，所以封垄前进行根基部的施药预防可以大大减少后期病害的防治压力。可在封行前1周用72%霜脲·锰锌可湿性粉剂700倍液（每667m^2用量130g），或25%嘧菌酯悬浮剂1 500倍液（每667m^2 30～40mL对水50kg），进行第三次预防。

（3）加强田间调查，及时发现中心病株并防治　对发现的中心病株，要连根及薯块全部挖出，带出田外深埋（深度1m以上），病穴撒石灰消毒。对病株周围50m范围内喷施50%烯酰吗啉可湿性粉剂或68.75%霜霉威·氟吡菌胺可湿性粉剂等药剂进行封锁控制，隔7～10d轮换喷药1次，连喷3次，控制病害扩散传播。

发现中心病株时，应立即全田茎叶喷雾。每667m^2每次可用72%霜脲·锰锌可湿性粉剂700倍液，或25%嘧菌酯悬浮剂1 500倍液，或68.75%霜霉威·氟吡菌胺悬浮剂600倍液，或58%甲霜灵·锰锌可湿性粉剂600倍液，或64%噁霜灵·锰锌可湿性粉剂500倍液，或72.2%丙酰胺·霜霉威水剂800倍液，轮换喷雾，正常天气条件下间隔7～10d用药，在高湿多雨条件下应间隔5～7d用药1次，连续防治2～3次。可根据病情发生风险的大小适当调整用药次数。注意尽可能交替用药，要求对叶面、叶背同时均匀喷雾，若喷药后8h内遇雨，应及时进行补喷。

在马铃薯生长后期或收获前继续使用对晚疫病、细菌性病害预防兼治疗性杀菌剂，也可有效防止地上带病植株的病菌对地下薯块的侵染，由此避免感染地下薯块和储存期烂薯。

（4）及时杀青　成熟后应该及早收获，留种田更应早收，以减少块茎在田间受侵染的机会，预防田间腐烂。如果植株地上部分受到晚疫病侵染但不太严重，最好在收获前将病秧割除并清理出田块，防止收获的薯块与之接触。晚疫病严重地块，可在植株开始消苗时，即植株2/3叶片枯萎时，采取化学药剂喷雾杀青，或在地上茎蔓自然死亡2周后进行收获。

第二节 马铃薯早疫病综合防治技术

1. 使用合格种薯，保证种薯不带病毒。且早熟品种和晚熟品种不要种植在同一块田。

2. 与葫芦科、豆科、百合科等蔬菜进行3～5年轮作，周围无茄科植物。

3. 选用地势高、排灌方便的田块，及时排涝，避免过多喷灌。

4. 整地

深翻30～35cm，耙地20～25cm。

5. 生长期加强管理，提高植株抗病能力。根据土壤类型、土壤肥力、相应的灌溉条件和预期产量确定施肥量，追肥采用少量多次的方式进行。

6. 种薯处理

使用1kg拌种药剂（甲基硫菌灵＋代森锰锌＋滑石粉，比例为2.5∶2.5∶95）拌100kg种薯。

7. 田间增施叶面肥2～3次，即从出苗后30d开始，喷施氮肥，间隔7d喷施1次。

8. 药剂防治

第一次喷药的时间一般是马铃薯封垄后植株生长稳定期，即植株高度达到30cm时开始。

（1）发病前使用保护性杀菌剂　80％代森锰锌可湿性粉剂500倍液，或75％百菌清可湿性粉剂600倍液。

（2）发病初期使用治疗性杀菌剂　64%噁霜灵·锰锌可湿性粉剂500倍液，或每667m^2使用10%苯醚甲环唑水分散粒剂80～100g，或25%嘧菌酯悬浮剂1 000倍液，或43%戊唑醇悬浮剂2 000倍液，或70%丙森锌可湿性粉剂400倍液，或75%肟菌脂·戊唑醇水分散粒剂6 000倍液。隔7d喷施1次，连续喷施3次。药剂要交替使用。喷施药液时要尽量使雾滴均匀分布到叶片的正反两面，特别是植株下部叶片。

9. 收获后及时清除病残体，深翻晒土，减少越冬菌源。

10. 适时收获，避免机械损伤。

11. 薯块收获后使薯皮木栓化、伤口愈合后再入窖。保持窖内通风干燥，温度控制在2～4℃，发现病烂薯及时剔除。

附　录

附录1　“主要农作物有害生物种类与发生危害特点研究”项目主要参加人员名单

1　主要参加人员

全国农业技术推广服务中心	陈生斗　夏敬源　刘万才 郭永旺　梁帝允　冯晓东 王玉玺　黄　冲
中国农业科学院植物保护研究所	郭予元　吴孔明　王振营 雷仲仁　李世访
中国农业科学院茶叶研究所	陈宗懋　孙晓玲
中国农业大学	马占鸿　韩成贵
南京农业大学	王源超
华中农业大学	王国平
西南大学	周常勇　周　彦
河北农业大学	曹克强
内蒙古大学	张若芳

中国农业科学院油料作物研究所	廖伯寿　刘胜毅
湖南省农业科学院	张德咏
广西壮族自治区甘蔗研究所	黄诚华
河北省植保植检站	王贺军　安沫平
辽宁省植物保护站	王文航
江苏省植物保护站	刁春友
湖北省植物保护总站	王盛桥　肖长惜
广西壮族自治区植物保护总站	王凯学
四川省农业厅植物保护站	李　刚　廖华明
陕西省植物保护工作总站	冯小军
北京市植物保护站	张令军　金晓华
天津市植保植检站	高雨成
山西省植保植检总站	王新安　马苍江
内蒙古自治区植保植检站	刘家骧　杨宝胜
吉林省农业技术推广总站	梁志业　徐东哲
黑龙江省植检植保站	陈继光
上海市农业技术推广服务中心	郭玉人
浙江省植保植检局	林伟坪　徐　云
安徽省植物保护总站	王明勇
福建省植保植检站	徐志平
江西省植保植检局	舒　畅
山东省植物保护总站	卢增全
河南省植保植检站	程相国
湖南省植保植检站	欧高财
广东省植物保护总站	陈　森
海南省植保植检站	李　鹏　蔡德江
重庆市种子管理和植保植检总站	刘祥贵
贵州省植保植检站	金　星
云南省植保植检站	汪　铭　钟永荣　周金玉

西藏自治区农业技术推广中心　　吕克非
甘肃省植保植检站　　刘卫红
青海省农业技术推广总站　　张　剑　朱满正
宁夏回族自治区农业技术推广总站　　徐润邑　王　琦
新疆维吾尔自治区植物保护站　　艾尼瓦尔·木沙

2　项目执行专家组

组长：陈生斗　夏敬源
成员：刘万才　郭永旺　吴孔明　雷仲仁　马占鸿　韩成贵

3　咨询鉴定专家委员会

主　任：郭予元
副主任：雷仲仁　李世访
（1）真菌病害鉴定专家组　陈万权
（2）细菌病害鉴定专家组　赵廷昌
（3）病毒病害鉴定专家组　李世访
（4）线虫病害鉴定专家组　彭德良
（5）有害昆虫与害螨鉴定专家组　雷仲仁
（6）杂草鉴定专家组　强　胜
（7）害鼠鉴定专家组　施大钊

4　项目管理办公室

主　任：陈生斗　夏敬源
副主任：张跃进　刘万才
成　员：王玉玺　梁帝允　郭永旺　程景鸿　郭　荣
项　宇　龚一飞　陆宴辉　黄　冲

附录 2　马铃薯课题数据来源

马铃薯课题各省份提供数据的县点

序号	省份	县点数	县（市、区）名称
1	重庆	6	万州、开州、巫溪、黔江、巫山、石柱
2	湖北	8	竹山、利川、通城、襄阳、黄陂、当阳、巴东、恩施
3	四川	12	马边、营山、洪雅、盐源、昭觉、布拖、达州、大竹、雁江、金堂、邻水、西昌
4	辽宁	11	绥中、本溪、昌图、建平、新民、兴城、普兰店、凌海、辽阳、桓仁、法库
5	黑龙江	6	宁安、富锦、讷河、加格达奇、克山、嫩江
6	吉林	8	梨树、蛟河、通化、舒兰、敦化、长岭、农安、九台
7	浙江	6	苍南、天台、遂昌、永康、余杭、建德
8	福建	11	福清、龙海、新罗、福鼎、霞浦、福安、长乐、周宁、上杭、同安、仙游
9	湖南	8	沅江、龙山、资阳、桑植、石门、宜章、衡阳、益阳
10	广东	1	平海
11	贵州	14	三都、遵义、兴义、普定、西秀、镇宁、毕节、关岭、赫章、威宁、盘县、都匀、紫云、纳雍
12	云南	11	广南、盈江、芒市、会泽、宣威、玉龙、丽江、腾冲、昭阳、弥渡、德宏
13	河北	11	昌黎、承德、崇礼、张北、丰宁、围场、平山、康宝、抚宁、武安、易县
14	山西	7	五台、广灵、左云、浑源、应县、太谷、离石
15	河南	5	栾川、商丘、通许、新野、荥阳
16	山东	6	安丘、肥城、滕州、环翠、胶州、高密
17	青海	6	大通、互助、乐都、民和、贵德、都兰

（续）

序号	省份	县点数	县（市、区）名称
18	陕西	3	山阳、榆林、靖边
19	宁夏	6	隆德、西吉、原州、海原、泾源、同心
20	新疆	13	奇台、昭苏、和静、吉木乃、吉木萨尔、尼勒克、泽普、新源、阜康、塔城、温泉、特克斯、乌鲁木齐
21	西藏	8	拉萨、日喀则、贡嘎、堆龙德庆、昌都、扎囊、南木林、察隅
22	甘肃	9	定西、甘谷、安定、五都、康乐、凉州、庄浪、环县、武山
23	内蒙古	18	兴安盟科右前旗、通辽市科左后旗、赤峰市翁牛特旗、武川、四子王旗、固阳、达茂旗、商都、喀喇沁旗、克什克腾旗、牙克石、阿荣旗、达拉特旗、呼和浩特、锡林浩特、凉城、扎赉特旗、海拉尔
24	广西	8	武鸣、平南、苍梧、桂平、玉州、博白、象州、宁明

主要参考文献

曹先维，陈洪，张培康，等，1999. 广东省马铃薯生产及青枯病的危害［J］. 马铃薯杂志，12（4）：32-33.

曾宪铭，董春，1995. 广东农作物青枯病菌的生化型［J］. 华南农业大学学报，16（1）：50-53.

丁爱云，郑继发，时呈奎，等，2002. 山东省植物青枯菌生化型研究［J］. 山东农业大学学报，33（1）：50-52.

何云昆，赵志坚，李云海，等，1999. 云南省马铃薯青枯菌生物型研究［J］. 西南农业学报，12（4）：78-81.

黑龙江农科院马铃薯研究所，1994. 中国马铃薯栽培［M］. 北京：中国农业出版社.

华静月，张长龄，何礼远，1985. 我国马铃薯青枯菌菌系的初步研究［J］. 植物病理学报，15：181-184.

李映，卢瑶，胡秋舲，2008. 贵州省六盘水市马铃薯青枯病病原菌的初步研究［J］. 中国马铃薯，22（5）：288-290.

梁远发，1990. 四川马铃薯青枯病的发生和防治措施［J］. 马铃薯杂志，4（1）：48-49.

刘世怡，张佩，1995. 贵州西部马铃薯青枯菌菌系的初步研究［J］. 贵州农业科学，2：27-28.

杨春荣，孙平立，2012. 晚疫病对马铃薯产量的影响［J］. 现代农业科技，4：190-191.

姚玉璧，张存杰，万信，等，2008. 黄土高原马铃薯晚疫病发生发展与气象条件关系的研究——以甘肃定西市为例［J］. 植物保护，34（4）：90-92.

张建平，程玉臣，巩秀峰，等，2012. 华北一季作区马铃薯病虫害种类、分布与为害［J］. 中国马铃薯（1）：30-35.

张建平，程玉臣，哈斯，2012. 有机肥防治马铃薯早疫病试验［J］. 中国马铃薯（5）：291－294.

郑慧慧，王泰云，赵娟，等，2013. 马铃薯早疫病研究进展及其综合防治［J］. 中国植保导刊（1）：18－22.

郑继法，杨合同，吕庆凤，等，1989. 山东省马铃薯青枯菌生物型研究［J］. 山东农业大学学报，1：71－74.

朱春丽，2012. 马铃薯晚疫病的发生与防治［J］. 现代农业，2：35.

朱国庆，王成华，李艳，等，2005. 四川省凉山州马铃薯青枯病综合防治措施［J］. 中国马铃薯，19（5）：295－296.

朱杰华，杨志辉，张凤国，等，2007. 马铃薯晚疫病菌群体遗传结构研究进展［J］. 中国农业科学，40：1936－1942.

Cohen Y，2002. Populations of *Phytophthora infestans* in Israel underwent three major genetic changes during 1983 to 2000［J］. Phytopathology，92：300－307.

Fry W E，Goodwin S B，1997. Re-emergence of potato and tomato late blight in the United States［J］. Plant Disease，81：1349－1357.

Fry W E，2008. *Phytophthora infestans*：the plant（and *R* gene）destroyer［J］. Molecular Plant Pathology，9：385－402.

Goodwin S B，Sujkowski L S，Fry W E，1994. Rapid evolution of pathogenicity within clvonal lineages of the potato late blight disease fungus［J］. Phytopathology，85：669－676.

Goodwin S B，Cohen B A，Deahl K L，et al.，1994. Migration from northern Mexico as the probable cause of recent genetic changes in populations of *Phytophthora infestans* in the United States and Canada［J］. Phytopathology，84：553－558.

Goodwin S B，Cohen B A，Fry W E，1994. Panglobal distribution of a single clonal lineage of the Irish potato famine fungus［J］. Proceedings of the National Academy of Sciences USA，91：11591－11595.

Hohl H R，Iselin K，1984. Strains of *Phytophthora infestans* from Switzerland with A2 mating type behaviour［J］. Transactions of the British Mycological Society，83：529－530.

Kirk W W，Felcher K J，Douches D S，et al.，2001. Effect of host plant resistance and reduced rates and frequencies of fungicide application to control potato late blight [J]. Plant Disease, 85: 1113-1118.

Lambert D H, Currier A I, Olanya M O, 1998. Transmission of *Phytophthora infestans* in cut potato seed [J]. American Journal of Potato Research, 75: 257-263.

Latijnhouwers M, Wit P J, Govers F, 2003. Oomycetes and fungi: similar weaponry to attack plants [J]. Trends in Microbiology, 11: 462-469.

Marshall K D, Stevenson W R, 1996. Transmission of *Phytophthora infestans* from infected seed potato tubers to developing sprouts [J]. American Journal of Potato Research, 73: 370-371.

Padmanabhan S Y, 1973. The great Bengal famine [J]. Annual Review of Phytopathology, 11: 11-24.

Shtienberg D, Blachinsky D, 1996. Effects of growing season and fungicide type on the development of *Alternaria solani* and on potato yield [J]. Plant Disease, 80 (9): 994-998.

Solomon-Blackburn R M, Stewart H E, Bradshaw J E, 2007. Distinguishing major-gene from field resistance to late blight (*Phytophthora infestans*) of potato (*Solanum tuberosum*) and selecting for high levels of field resistance [J]. Theoretical and Applied Genetics, 115: 141-149.

Svujkowski L S, Goodwin S B, Dyer A T, et al., 1994. Increased genotypic diversity via migrvation and possible occurrence of sexual reproduction of *Phytophthora infestans* in Poland [J]. Phytovpathology, 84: 201-207.

Turkensteen L J, 1993. Durable resistance of potatoes against *Phytophthora infestans* [M] //Jacobs T H, Parlevliet J E. Durability of disease resistance. Dordrecht: Kluwer Academic Publisher: 115-240.

Wicker E, Grassart L, Coranson-Beaudu R, et al., 2007. *Ralstonia solanacearum* strains from Martinique (French West Indies) exhibiting a new pathogenic potential [J]. Applied and Environmental Microbiology, 71: 6790-6801.

Xu J, Pan Z C, 2009. Genetic diversity of *Ralstonia solanacearum* strains from China [J]. European Journal of Plant Pathology, 186: 6186-6197.

图书在版编目（CIP）数据

中国马铃薯病虫害调查研究/张若芳主编．—北京：中国农业出版社，2014.9

ISBN 978-7-109-19228-7

Ⅰ.①中… Ⅱ.①张… Ⅲ.①马铃薯—病虫害—调查研究—中国 Ⅳ.①S435.32

中国版本图书馆 CIP 数据核字（2014）第 109771 号

中国农业出版社出版

地址：北京市朝阳区麦子店街 18 号楼

邮编：100125

责任编辑：阎莎莎　　文字编辑：宋美仙

版式设计：王　晨　　责任校对：吴丽婷

印刷：中农印务有限公司

版次：2014 年 9 月第 1 版

印次：2014 年 9 月北京第 1 次印刷

发行：新华书店北京发行所

开本：880mm×1230mm　1/32

印张：4.75

字数：115 千字

定价：49.00 元

版权所有・侵权必究

凡购买本社图书，如有印装质量问题，我社负责调换。

服务电话：010-59195115　010-59194918